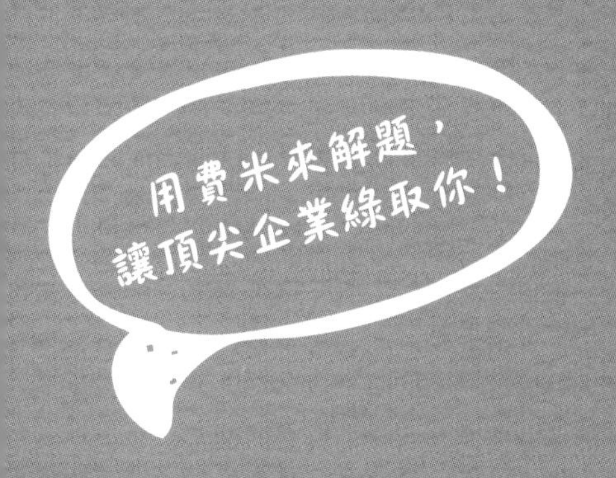

費米推定筆記

透過6＋1模式、15個核心問題，高效鍛鍊假說思考力！

吉田雅裕、脇田俊輔　著

張乾　譯

序言

本書的目的與宗旨

本書係針對商業人士、學生或是想要進入企業諮詢顧問公司（以下稱為諮詢顧問公司）的新鮮人，提出費米推定體系並說明解決方案步驟，並且整理出相關的問題集。

本書的主要目的不單單是為了介紹費米問題應用於求職面試的技巧和訣竅。最根本的目的是利用費米推定體系來作為邏輯思維訓練的基本工具。

我們是東大案例研究會的成員，每天都泡在星巴克中好幾個小時、花了持續好幾個月的時間討論，並以進入諮詢顧問公司為目的，集結各式各樣費米推定的相關書本及資料、反覆研討。

當時雖然是以準備面試為目的，但在準備過程中發現費米推定中的邏輯思考、假定思考、模型化、定量化等等都有助於鍛煉腦部，因此想要將費米推定的魅力與有趣之處介紹給大家。

也因為想讓各位感受到費米推定的魅力，我們以自身的經驗為基礎，將過去近1000個問題的解決方式做系統化及類型化的整理。在執行過程中也幸運獲得許多已被諮詢顧問公司採用的朋友們支持及協助。

以結果來看，費米推定不僅可以用在面試的應對方法及技巧上，其大膽且縝密的理論建立方式也能傳遞出思考的樂趣。

此外，因為「地頭力」在近期十分流行，有許多書籍也跟著冠上「費米推定」四個字，但這些書籍提出的問題數量多少有限，而且其中所敘述的解決方式也大多過於簡單。

本書有自信可以基於一定的品質與質量，提供大家無法在其他書籍中獲得的知識價值，讓有興趣學習費米推定的初學者也能收穫滿滿。因此不論是以進入諮詢顧問公司為目標的學生，或是各種年齡職業、想要鍛鍊「地頭力」的朋友皆可以學習並感受到用費米推定來解決問題的樂趣之處。

本書結構

PART1是先將費米推定的全部類型提出後，再詳細解說具體的問題例與該問題之解決方式。

首先會在「費米推定的基本體系」中提出各種類型體系；而我們實際解出將近1000個費米推定相關問題也多收錄在這個體系之中，因此可以說是實用性非常高的體系。

該體系的重點在於能將依照不同系統分類的問題一對一地對照到其問題解法；換句話說，只要能夠掌握到問題是屬於哪個系統，就可以知道適合該問題的基本解決方法。

這個費米推定的體系也可以說是本書最重要的價值所在。

此外，在「費米推定的基本五大步驟」中是以對話的形式呈現出我們實際所接觸到的面試經驗，讓讀者在閱讀時也更能有實感。而這部分也是費米推定的重要骨架部分，只要好好地閱讀這部分也可以學會費米推定的意義。

PART2則有以基本體系為基礎的代表性例題以及其解答、說明及練習問題。

建議大家看到「例題」時先用頭腦思考一遍，不要馬上看解答及說明；經過自己思考過後所得到的知識也會更為深刻。有自信的朋友們也可以多花點時間自己解題看看，絕對是個很好的學習方式。

只要建立起自己的觀察方式就可以將各個解答、說明的論理一個個融會貫通。若要說服對方，就必須要有一定的邏輯能力；但引導出回答的過程方式有無限多種可能，而書上的解答也不過是該例題的一種解答方式，因此重點還是在於藉由閱讀過程來培養自身的邏輯能力及批判能力。

在費米推定中最重要的是邏輯推理，最終計算出的數字成果以及與現實的一致性並不是最該被重視的部分。但是透過與現實情況的比較過程，可以作為檢討、反思的材料，幫助日後創造出更貼近現實狀態的邏輯組織能力。

基於上述的目的，因為在多數的例題中附有實際的統計數據資料，請將這些數據將自己所得出的數據相互比對並找出與實際狀況不符的部分。邏輯組織能力與數字敏感能力都是可以透過練習來增進（但是像「在東京都內有幾隻鴿子？」這類較難以統計的問題，也只能與假定的方式，或是藉由與其他數值進行比較的方式來代替。）

結束例題練習的朋友們，也請繼續挑戰接下來的「練習問題」。雖然基本解法與例題相同，但難度較例題高，解答及說明皆附在書尾中，還請多加利用。在練習過程中也和做例題時一樣測量解題的所需時間吧！

隨著解開本書各個問題的過程中，想必讀者也會越來越熟悉、理解費米推定的本質。例如在街上散步時會自然地浮現出「日本有幾個郵筒？」或是「在東京都內丟棄的香菸總共有幾根？」等等問題，頭腦也自然反應、開始計算數字。

建議大家可以邊享受費米推定的樂趣、持續並反覆練習到費米推定的邏輯完全灌入腦袋，內化成為腦內語言為止。

此外，雖然自己一個人進行以下的練習也有一定的效果，但如果能和朋友一起計時、以角色扮演的方式進行面試練習及辯論也會非常有趣喔！

藉由朋友之間的邏輯批判及檢討的過程中，更可以提高彼此的邏輯思考能力。其實我們在星巴克時常大聲地以全世界的蟑螂數目、廁所衛生紙的國內市場規模等等主題，並花好幾個小時瘋狂地（？）辯論，想必當時周圍的人都覺得我們超奇怪的吧！

希望本書不僅可以讓大家將費米推定當作鍛煉腦力思考的工具之一，更能感受到費米推定其中的魅力之處、盡情享受邏輯思考的樂趣。

目錄 Contents

序言 003

PART1 通過 1000 道習題才明白的道理！
費米推定的 6 種題型及 5 個步驟 008

Chapter1 費米推定的基本體系 …… 010
Chapter2 費米推定的 5 個基本步驟 …… 020
附錄一 費米推定可運用於實際生活中！ …… 038

PART2 通過 6 ＋ 1 模式、15 個核心問題，
高效鍛煉管理力！ 042

例題 1 ～ 2：以個人、家庭為基準求解存貨的問題 …… 044
例題 3：以企業法人為基準求解存貨的問題 …… 052
例題 4 ～ 6：以面積為基準求解存貨的問題 …… 059
例題 7 ～ 8：以區域為基準求解存貨的問題 …… 070
例題 9 ～ 11：宏觀銷售問題求解 …… 078
例題 12 ～ 14：微觀銷售問題求解 …… 088
例題 15：通過「宏觀需求除以微觀供給」求解存貨的問題 …… 100
附錄二 簡單的費米推定訓練法 …… 105

結語 107

通過 15 道練習題更上一層樓！ 110

精選 100 道費米推定問題 166

通過1000道習題才明白的道理！
費米推定的6種題型及5個步驟

關於費米推定

在本書中介紹的「費米推定」，是為「日本全國的牛隻數量」、「長野縣的蕎麥麵店數量」、「腸胃藥的市場規模」等等「將無法以直覺去判斷或計算出的荒唐數量，使用自己已擁有的知識，來做出合理的假定推論，並在短時間內概算出來」的方法。

費米推定被認為是可以有效幫助科學家思考訓練工具。在歐美學校的理科學系中也被廣為利用。其中也存在著像費米推定的「科學界奧林匹克」這樣的活動存在。

雖然費米推定是從科學的世界與物理數量推論為契機創造出來的，但並不止於科學家的教育資材，之後也被咨詢類型的企業、或是外資企業的面試所用，至今也常用於一般企業的教育素材。

Chapter

1 費米推定的基本體系

本書通過費米推定的練習和求解，學習邏輯思考能力、假說檢驗、模型分析、定量分析等綜合「思考能力」。但是當我們真的被問到有關費米推定的問題時（例如：日本一共有多少根電線杆？），我們不禁也會問：「究竟該從哪裡入手開始分析呢？」本書的目的就在於向大家展示構成費米推定主要框架的「基本體系」。

一旦掌握了這種「基本體系」，當被問及「XX的數量有多少？」的時候，我們就可以立即反應：「啊，這不就是基本體系中的那類問題嗎！」並迅速找到解決問題的切入點了。

由於會涉及一些特殊或專業詞彙，也許會有些難懂。接下來我們就先對其中的詞彙進行解釋。

不過因為這個體系僅僅是「基本體系」，因此它並不能完全概括所有的費米推定問題。比方說在圖表中看到的「流量問題」，舉例來說，像「汽車市場規模的增減變化」這樣的問題。嚴格來說，關於這樣「市場規模增減」的問題並不包含在

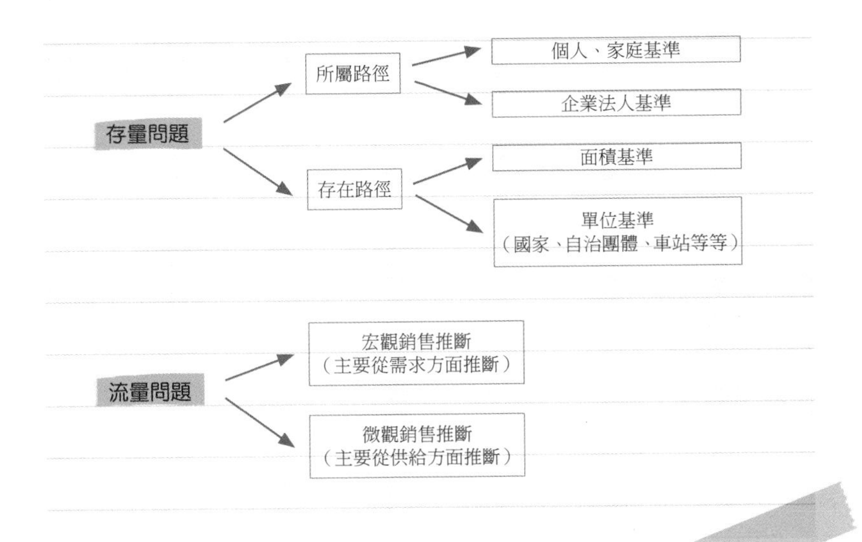

其中。但是這並非不能用基本框架來解答，因為我們可以通過基本框架來進行宏觀銷售額推定（ex.「汽車市場的規模是多少？」），在回答這個問題的基礎上，再對「市場規模的增減」問題進行判斷。

亦即，我們在這裡學習到的基本體系既包括了費米推定的基本問題，又為解決更加複雜的問題奠定了基礎。儘管在書中我們不會涉及過多的應用問題，我希望能在日後有機會對應用問題的解法做更詳細的說明。

接下來我們正式開始介紹在基本框架中所提到的詞彙。

（1）「存量問題」和「流量問題」

何為存量？何為流量？

費米推定大致可以分為兩類，存量（stock）問題和流量（flow）問題。

當我們查字典的時候，存量指的是「某一時間點存在的經濟總量」，而流量指的是「經濟變數在一段時間內的變化」。相信單憑這樣的解說，我們還是分不清楚其中的差別。

說的更仔細些：存量指的就是「某個事物在特定時間點的總量」，而流量就是「某個事物在一定時期內的變化量」。接下來，我們以「汽車」為例進一步說明。

存量與流量的具體例證——汽車

「全日本的汽車數量」和「日本汽車行業的市場規模（年度）」這兩個資料哪個是存量，哪個是流量呢？

答案是：「全日本的汽車數量」是存量，而「日本汽車行業的市場規模（年度）」是流量。所謂的（年度）市場規模指的是在一年間，日本國內汽車的總銷售量，因此可以理解為「一年內在日本的汽車銷售量」。

再舉例來說，如果存量是「容器中水的多寡」，那麼流量就應該是「一定時間內向容器中添加（或從容器中流出）的水量」。而後者的流量，應該以「一分鐘10公升」這類包含一定時間的單位來衡量。

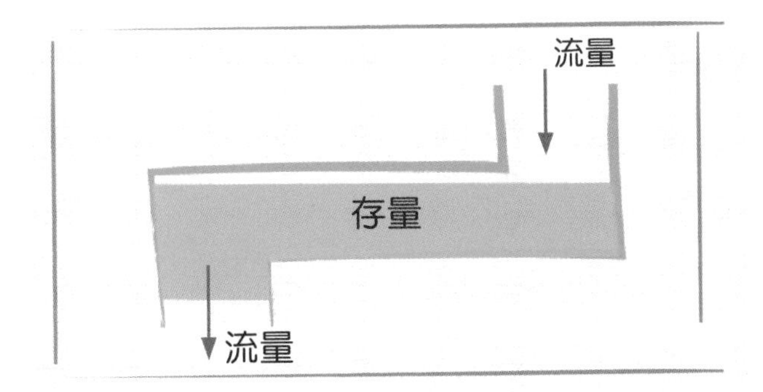

（2）「所屬路徑」和「存在路徑」

所屬路徑和存在路徑的定義

在求出費米推定的問題時，我們必須根據某個標準對其進行估計。所謂的「所屬路徑」，指的是其估計的標準為「持有物品的主體」，而「存在路徑」指的是「物品存在的空間」。

換言之，所屬路徑就是「誰持有？」，而存在路徑就是追問「在哪？」

以「日本有多少對耳環？」為例，諸位可以從耳環聯想到什麼呢？

在求解這個費米推定問題的時候，我們可能會想「耳環」→「年輕女性所戴的耳環」→「個人」。因此很自然會想「持有耳環的主體」＝「個人」。接下來，我們根據日本的人口數便可以求出「日本耳環的數量」。

再比如說，「日本有多少電線杆？」，我們從電線杆會聯想到什麼呢？

比如說，「電線杆」→「在家周圍的電線杆」→「電線杆的占地面積及覆蓋面積」。亦即，「電線杆所存在的空間」＝「電線杆覆的面積蓋」。那麼我們根據一根電線杆所覆蓋的面積為基礎，就可以推斷日本的電線杆的數量。

在所屬路徑這個方法下，除了剛才的例子中所提到的「個人基準」外， 還有以「家庭」、「企業法人」為基準的各種案例。

在存在路徑中，除了上述的「面積基準」外，還有單元、區域分析等多個標準。接下來我們就對「面積基準」和「單位基準」做進一步的說明吧。

存在路徑的分類——面積基準和單位基準

存在路徑可以被分為「面積基準」和「單位基準」。所謂「面積基準」指的就是以「抽象的空間」為基準的方法，而還有一種「單位基準」就是以「有具體的名稱所代表的空間」為基準的推斷。

舉例，如果我們假設「平均來看，日本全國每50平方公尺就有一根電線杆」。那麼這個基準就是我們所假設的「50平方公尺」，由於這是解題者人為設定的抽象空間，因此就屬於「面積基準」這一類問題。

另一方面，假設我們以省市為單位來推斷日本有多少美術館，而作為其基準的「東京」或者「神奈川縣」這樣的空間都是實際存在的空間。在這種情況下，由於我們以「每個省市擁有多少美術館」為基準，因此是屬於「單位基準」問題。

由此可見，「存在基準」要不是以「抽象空間」為基準，要不就是以省市這樣的「具體空間」為基準。

而在「單位基準」中，也有諸如「公園」或者「車站」這樣的具有抽象的名字，卻同時「擁有具體形態的存在空間」。為了方便說明，我們將公園或者車站當做是「單位基準」進行考量。

（3）「宏觀銷售推斷」和「微觀銷售推斷」

宏觀銷售推斷與微觀銷售推斷的定義

接下來，我們就流量問題中的「宏觀銷售推斷」和「微觀銷售推斷」兩者間的區別進行說明。

在本書中，「宏觀銷售推斷」相當於「市場規模推斷」，「微觀銷售推斷」相當於「一個店鋪或者數個店鋪的銷售推斷」。

而「宏觀」與「微觀」的區別，說得簡單點，就是規模的差異。「宏觀」比「微觀」的規模要大很多。因此，「宏觀銷售推斷」就是規模較大的銷售推斷，而「微觀銷售推斷」就是規模較小的銷售推斷，例如，「日本的市場規模」→「規模巨大」→「宏觀銷售推斷」，而「一個店鋪的銷售額」→「規模較小」→「微觀銷售推斷」。需要特別注意的是，規模大小的判斷是一種相對的標準。

在本書中，我們將流量問題的單位限定在「銷售額」和

「數量」。這是因為在商業中、日常生活中、公共政策的評價中，主要都是用這樣的單位。所謂科學應用中的費米推定，是指諸如「沙灘上有多少沙子」這樣的問題，而求解這樣的問題更需要理科專業的知識。

宏觀銷售推斷及微觀銷售推斷的解法

在本書中，我們推薦以下的解題方法：

「宏觀銷售推斷」→「主要從需求方面進行推斷」

「微觀銷售推斷」→「主要從供給方面進行推斷」

而「需求方面」指的是買方，「供給方面」指的是賣方。

我們以「汽車在日本的市場規模」這樣的「宏觀銷售推斷」問題為例。在推斷「汽車在日本的市場規模」時，如果我們從供給的角度求出市場規模的話，會非常困難的。因為汽車的賣方可以分為國內生產商及國外生產商，其中又可以根據企業的市場佔有率進行分類，如此細分下來會使分析變得非常複雜，我們很難在短時間內掌握。

但如果我們通過日本國內的需求，就可以更容易的測定「汽車在日本的市場規模」。在求出「汽車的市場規模」時，首先會想到的就是汽車的所有者，而汽車所有者的主體，我們可以用「家庭」來做單位。

也就是說，像「汽車的市場規模」這樣的宏觀銷售推斷問題，以直覺來說，我們應該從「需求」的角度，亦即「買方」

的角度來分析。

另一方面，我們以「一家星巴克的銷售額」這樣「微觀銷售推斷」的問題為例。

在推測「某一家星巴克的銷售額」時，我們的直觀感覺是應該反過來從供給的角度進行考慮。只要是去過星巴克的人都明白，如果考慮這家星巴克的需求面，將會涉及過多複雜的因素，比如地點、時間點、周邊競爭環境等等。而如果從供給方面考慮，我們將會更準確的想像諸如座位數、營業時間、工資、上座率等更為具體的因素，通過對這些具體因素的觀測，我們就可以推測出「某一家星巴克的銷售額」。

如果從需求的角度來講，想求出「某一個星巴克的銷售額」將會很困難，如果我們非要用需求分析的話，那麼就必須要考慮到各類人群會有多少人、以怎樣的頻率、買了多少等所有相關特徵，這些都要考慮清楚。比方說，我們可以想像位於朝陽區SOHO的星巴克，來這家星巴克的顧客會有外國人、白領、學生、遊客等等。

我們還可以用一種略帶技巧的方法：從「需求」方面推測出「星巴克的銷售額」。

首先，我們先推測「咖啡店的市場規模」這一宏觀銷售推斷，並在其中假設星巴克的市場份額（%），由兩者相乘得到了「星巴克的總銷售額」，我們還可以預測出全日本星巴克的店鋪數，兩者相除得到的就是一家星巴克的平均銷售額。當然，我們需要注意的是，這樣求出來的不是某一家具體的星巴克的銷售額，而是「每一家星巴克平均的銷售額」。

每一家星巴克平均的銷售額
＝咖啡店的市場規模 X 星巴克的份額/星巴克的總店鋪數

我們應該多花些心思記得像這樣從「宏觀銷售」求出「微觀銷售」的特殊方法。

Chapter

2 費米推定的5個基本步驟

(1) 基本步驟的解說——五個步驟

費米推定基本上是依循以下五個步驟加以進行：

（i）前提確認

（ii）公式設定

（iii）模式化

（iv）計算

（v）現實性檢驗

在此我們以「在日本當中有多少個皮包？」為例子，運用這五個步驟加以說明。

（i）前提確認

在（i）前提確認當中，必須先定義「何為皮包」（定義）以及要如何計算皮包的個數，比如說用一句來定義所謂的皮包。皮包中有像波士頓包那麼大的皮包，也有像手提包那般大小的皮包，所以說皮包的種類是多種多樣，此外所有者也分不同類別，例如大老闆用的手提皮包，學生背的個人所有的後背包等等。因此要先定義好是要計算何種皮包。如果一開始沒有先決定好其定義、限定其範圍的話，就會產生混亂，搞不清楚自己在數些什麼。

因此，必須要先定義何謂皮包，再去限定皮包的個數。

（ii）公式設定

在（ii）公式設定的當中，必須先設定基本的公式。要說明這個和第三個步驟的也就是所謂的「模式化」有何差異，所謂的設定是指橫向公式的展開，相對而言，「模式化」則是指縱向的分解公式。例如「日本有多少個皮包」這個問題而言，如果限定範圍是「個人所有的皮包」，其設定的公式如下：

日本的皮包數量＝日本的人口數×皮包的平均所有數

此外，在設定的時候必須要明確出示以何為基準，附帶一提，在此所指的基礎即是作為上述公式的要素。

常常運用的基礎當中，我們會聽到以「面積」為基準（ex.日本有多少根電線桿）、以「個人」為基準的話（ex.日本有多少個耳環）、以「家庭」為基準（ex.日本有多少台汽車）。而在此所舉的「日本有多少個皮包」，是將日本的人口數帶入公式，換言之，即是以「個人為基準」的問題。

然而，只靠上述的公式，是完全無法求出皮包的數量的。根據費米推定，其實是可以推斷出更正確的數量。然而，若是以薄弱的假定，我們只能求出大概的數字。

在社會科所學習到的知識，日本的人口大約有1億2000萬人左右，但如果要問平均一個人有多少個皮包，你只能推估出「嗯…我也不清楚，大概平均只有2個吧？」如此欠缺強而有力的根據的數字。因此，為了要能夠得出以更為準確的根據為基準的數字，以及創造更細緻的公式，就必須透過下一個步驟「模式化」。

（iii）模式化

在（iii）模式化當中，依照感覺加以表現的話，上述的公式即縱向分解為日本的人口數以及皮包的平均所有數。

（iii）模式化的方法有很多，以下圖為例：

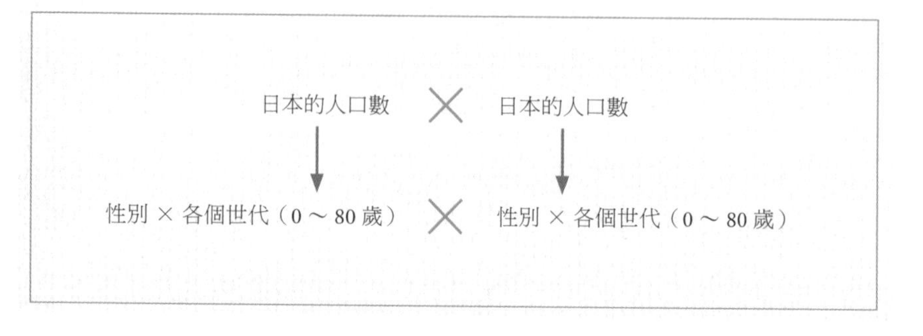

就像這樣若是將日本的人口分解為男女以及各個世代（0～80歲）的話，我們就能具體的描繪出「女性比男性擁有更多的皮包」、「未滿10歲的孩子持有的皮包數未多於20歲以上的大人」等等這種級距的皮包平均所有數。

在此，我們無法提出上述所需要的「具體的感受」以及「理論的根據」。

然而對於上述所說的「女性比男性多包包」這種假定，若是從理論中加以分析的話，那就會沒完沒了（女性比男性對於時尚事更感興趣的→女性會為了追求時尚而去多買皮包→因此女性比男性擁有更多的皮包etc.），因此適可而止即可。

換言之，我們只要盡可能的提出正確並且能說服聽者的假定即可。

（iv）計算

通過（ii）公式設定（橫向的展開）與（iii）模式化（縱向的分解），我們建立出更加精細的公式，若要將數字帶入各個要素的話，接下來就要進行（iv）計算。

在（iv）計算當中，需要講究「速度」與「正確性」，也就是說要盡可能正確快速的計算。在費米推定當中，運用「換算概數加以計算」的技巧，例如以剛才的數字代入方才的「皮包數量」的公式如下：

750萬（人）×47（個）

如果你覺得這樣計算會很花時間，而且有可能會計算錯誤的話，那麼我們可以把公式改成：

750萬（人）×47（個）≒750萬（人）×50（個）
=375萬（人）×100（個）
=3億7500萬（個）

如此加以計算也無所謂。

本來費米推定就不是以求出「完全正確的數字」為目的，而是為了創造出「計算數字的計算式」，或是「迅速算出概數」。因此像這樣「帶入概數」的計算並不會出現太大的問題。

（v）現實性檢驗

最後一個步驟為（v）現實性檢驗，即是在第一個步驟到第四個步驟當中，確認自己設定的計算式的正確性以及數字的正確性。如果在此步驟中出現非常準確的數字的話，就會感到偌大的滿足。

此外，在戰略顧問公司的面試當中，常會出現費米推定的問題，如果提問者提出天文數字的話（ex.日本中皮包的數量有

1兆個），這個人就會被吐槽：「你自己不會覺得這個數字很奇怪嗎？」因此在面試的場合必須進行步驟（v）現實性檢驗。

(2) 基本步驟的實際案例——重現面試情境

當各位讀者理解了5個基本步驟（即（i）前提確認、（ii）公式設定、（iii）模式化、（iv）計算、（v）現實性檢驗），接下來我將以現實中戰略顧問公司的面試情景，重現費米推定的過程。

在此，我們以「日本富維克（volvic）礦泉水的年消費量」為題進行費米推定，並且將步驟（ii）～（iv）進行兩次運算。

為什麼？因為在「富維克的年消費量」題目當中，就（i）前提確認分類並定義的結果來說，我們有必要求出以①「個人基準」或以②「家庭基準」這兩個數字。

通常在一般的面試當中，因為時間上的關係，時常在實施①的推算或是②的推算就結束了，但為了讓各位讀者深入了解費米推定，以下①和②兩方面我都會說明。

<登場人物>

堀（戰略顧問）：大型戰略顧問公司的年輕顧問

吉永（學生）：以應徵戰略公司為目標的大學三年級生

（地點位於六本木大樓的辦公室高層，進入面談室之後，就能從窗戶外看到東京的大樓林立的樣子，而面試官背對窗戶而坐。）

堀：你好，我叫做堀，感謝你今天前來。首先，請你做簡單的自我介紹。

吉永（以下簡稱「吉」）：好的。我是某某大學經濟學系的吉永，我曾經參加過經營學的講座，除此之外，我在大學參加過足球社團，去年我擔任足球社團的社長。今日還請您多多指教。

堀：謝謝你。原來你有在踢足球啊！事實上我在中學的時候也曾踢過足球，現在假日的時候也會和朋友出去踢足球。
好，這是題外話。今天我想請吉永同學回答一個假設性問題。你曾經回答過假設性問題嗎？

吉：有。

堀：好，那我們就開始吧。在我面前有富維克礦泉水的寶特瓶（500ml），現在就請你算出「日本富維克礦泉水的年消費量」。
這是屬於費米推定的問題。吉永同學你可以使用手邊的筆跟紙。

Step（i）前提確認

吉：我知道了。

首先，我想要去定義富維克礦泉水。富維克礦泉水是寶特瓶裝的礦泉水品牌，根據容器的大小，我認為可以分出幾個種類。

堀：原來如此，那能夠作出什麼樣的分類呢？

吉：在此我想要區分出①500ml以下的寶特瓶以及②比500ml更大的寶特瓶。進行如此分類的理由是因為容器大小的不同決定了「個人能否隨身攜帶」。

換句話說，我假定①500ml以下的寶特瓶通常是個人攜帶的類型；而②比500ml更大的1000ml到1500ml寶特瓶通常是放在家中的類型。

（一邊說話一邊在紙上畫出樹狀圖）

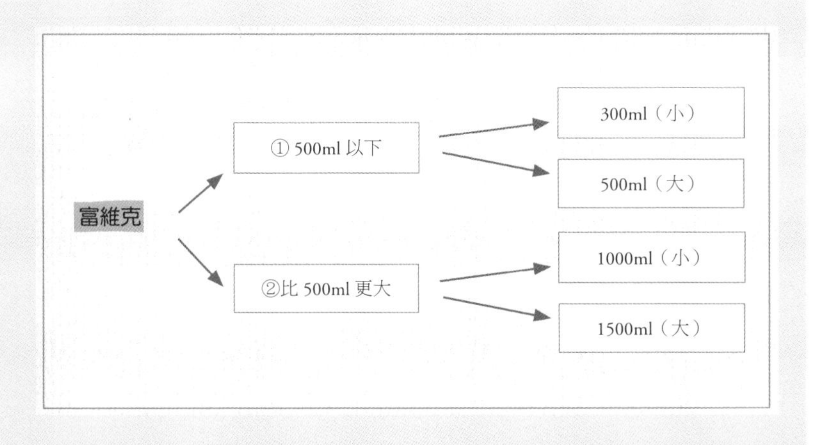

在①500ml以下的「富維克」有300ml這種相對而言較小的寶特瓶以及500ml的寶特瓶；另一方面在②比500ml更大的寶特瓶有1000ml這種相對而言較小的寶特瓶以及1500ml的寶特瓶。
①的公式將以「個人」為基準，②則以「家庭」為基準。
針對①及②，我假設大小尺寸都消費了相同的數量：

①的容量＝（300ml＋500ml）÷2
＝400ml
②的容量＝（1000ml＋1500ml）÷2
＝1250ml

堀：原來如此。沒問題，請繼續。

①「500ml以下」的富維克年消費量

Step（ii）公式設定

吉：好的。首先我想要求出①富維克的消費量。
①富維克的消費量可以用以下公式計算出來。（在紙上書寫）

A：日本的人口數×B：礦泉水的平均消費瓶數
×C：富維克的選擇率（市佔率）×D：富維克的平均容量

到目前為止可以嗎？

堀：原來如此，非常好，沒有問題。

吉：我假設A：日本人口數有1億2000萬人。
D：富維克的平均容量如同方才所計算為（300ml＋500ml）÷2＝400ml。
C：富維克的市佔率大概以20%加以計算。

比較複雜的是B：礦泉水的平均消費瓶數……到目前為止可以嗎？

堀：C：富維克的市佔率為何是以20%加以計算？

吉：或許我對C的設定多加詳細說明會比較好。

日本販售多款礦泉水，其中，我們在便利商店、自動販賣機較常看到依雲（Evian）、富維克（Volvic）、水晶高山（Crystal Geyser）這三個品牌。
作為我個人的實際感受，除了以上這三個品牌的其他品牌，其市佔率我假定為50%，另一方面我假設依雲的市佔率為20%，富維克為20%，水晶高山為10%。

堀：原來如此……好吧，就按照你說的繼續。

Step（iii）模式化

吉：好的。接著我想要去求出B：礦泉水的平均消費瓶數。

在求出B的數字時，我想要將日本的人口數分為性別以及年齡的不同，寫出各個階層的每月平均消費瓶數。（在紙上畫出以下表格）

年齡	未滿 10 歲	10～20 歲	20～30 歲	30～40 歲	40～50 歲	50～60 歲	60～70 歲
男	2	4	8	8	6	4	4
女	2	6	10	10	8	6	6

共計 94 瓶

接著按照下列三個假設帶入數字。

第一個假設為「①未滿20歲的消費瓶數比較少」。因為我認為未滿20歲的人比較喜歡其他有味道的飲料。

第二個假設為「②女性的消費瓶數比男性還要多」。因為我認為女性對於卡路里及健康的觀念較為敏感。

第三個假設為「③40歲以上的消費瓶數會因年齡的增加而有所減少」。因為我認為飲用礦泉水的習慣是從最近幾年才開始的。

堀：哇啊～你這個假設很有說服力，但是你要怎麼計算各個世代的人口數呢？

吉：我將日本的人口數簡化為0～80歲，並且我考慮將各個世代的男女都用同樣的數字。換句話說，各世代男女的人數為以下：

1億2000萬（人）÷8÷2＝750萬（人）

堀：好，就按照你這麼說吧。那最後500ml以下的富維克消費量會變成多少呢？請你試著計算。

Step（iv）計算

吉：好的。若是以先前的表格求出一年當中礦泉水的消費瓶數，就會得出以下的數字：

750萬（人）×94（瓶）×12（個月）
≒750萬（人）×100（瓶）×12（個月）
＝90億（瓶）

以一開始所設定的公式求出富維克的年消費量，就會求出：

90億（瓶）×20（%）×400（ml）＝7200億（ml）
＝7.2（l）

Step（v）現實性檢驗

堀：原來如此。富維克的年消費瓶數為90億×20%＝18億瓶……換句話說，若是日本的人口數為1億2000萬人，平均一個日本人每年會消費15瓶的富維克礦泉水（500ml）。雖然我覺得有點多，但是沒關係，你繼續。

吉：好。先前所說的富維克礦泉水的市佔率為20%。但是仔細想想，我並沒有把「國產礦泉水」列入考量。
所以更為正確的C：富維克的市佔率應為：

「進口礦泉水的市佔率」×「富維克的市佔率（20%）」

所以應該要比20%還要少才對。

堀：是啊，方才吉永同學你把依雲、富維克跟水晶高山這三種的礦泉水市佔率假定為50%，而實際上做為國產品牌的三多利天然水也佔了相當大的比俐。（抬頭看一下時間）那時間也差不多了。沒關係，你可以順便算一下比500ml更大的富維克年消費數量嗎？

②「比500ml更大」的富維克年消費量

Step（i）前提確認

吉：請容我反覆的綴述。比500ml更大的富維克寶特瓶有1000ml（小）跟1500ml（大）的大小分別，在此我假定這兩個容量的礦泉水消費數為相同，因此我假定「比500ml更大」的富維克為（1000ml＋1500ml）÷2＝1250ml的大小。

這樣的大小並非個人能輕易攜帶，而是存放在家庭中，例如易於保存在冰箱中。

換句話說，為了求出比500ml還大的富維克年消費量，就必須以家庭為基準。

堀：……我知道了，請繼續。

Step（ii）公式設定

吉：關於②的富維克年消費量可以用以下公式：（一邊說話一邊在紙上寫下）

A：日本的家庭數×B：購買礦泉水的家庭比例
×C：礦泉水的平均消費數
×D：富維克的選擇率（市佔率）×E：富維克的平均容量

E：富維克的平均容量為方才所設定的1250m。.
D：富維克的選擇率（市佔率）則假定為………。

50%×20%＝10%

此外，由於我假定日本的總人口數為1億2000萬人，而一戶人家的平均人數為父親、母親、孩子各一人，一共三個人，因此日本的家庭數為：

1億2000萬（人）÷3＝4000萬（戶）

關於B跟C則需要詳細的分解才行……到這邊為止可以嗎？

堀：可以，請繼續。

Step（iii）模式化

吉：為了讓B：購買礦泉水的家庭比例以及C：礦泉水的平均消費瓶數更加明確，在此我將日本的家庭做以下的分類：（一邊說明一邊畫出以下圖表）

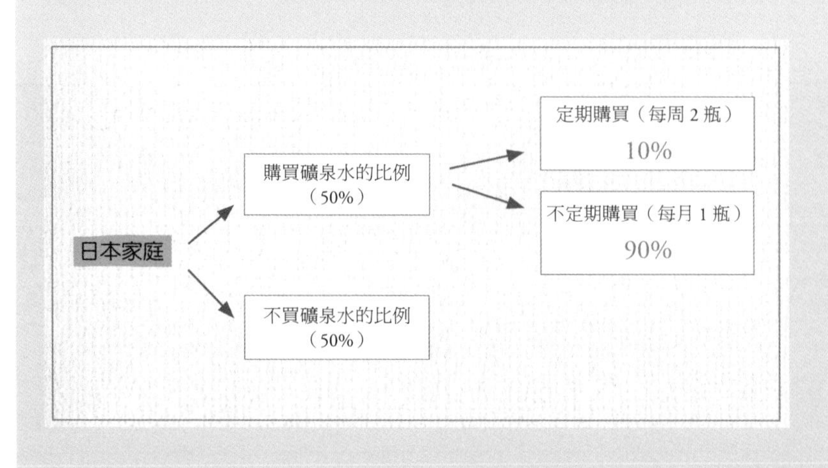

如圖所示，我將日本的家庭分為購買礦泉水的家庭跟不購買礦泉水的家庭，並設為50%，在我要特別強調，這裡所說的礦泉水是指②比500ml更大的礦泉水。

再將「購買礦泉水的家庭」區分為「定期購買的家庭」與「不定期購買的家庭」。

假設在定期購買的家庭一個禮拜買兩瓶的礦泉水，而日本的平均家庭人口為3人，②礦泉水容量為1250ml……所以一個人每週會購買1250×2÷3＝800ml的礦泉水。

當然，「不定期購買礦泉水的家庭」會因為購買礦泉水的頻率與瓶數各有差別，但我假定不定期購買礦泉水的家庭平均一個月會購買1瓶的礦泉水。

此外，我假定「定期購買礦泉水的家庭」比例為10%，「不定期購買礦泉水的家庭」的比例為90%。這幾個數字都是依據我個人的感覺所設定的。

堀：原來如此，沒問題，接下來請你試著計算。

Step（iv）計算

吉：好的。首先我們就先從B與C思考。

B：購買礦泉水的家庭比例＝50%

C：礦泉水的平均消費瓶數

＝10%×2（瓶/週）×4（週）×12（月）＋90%×1（瓶/月）

×12（月）
＝9.6（瓶）＋10.8（瓶）
≒20（瓶）

若是將各自的數字代入公式的話，就可以求出②的礦泉水年消費量：

4000萬（戶）×50%×20（瓶）×10%×1250（ml）
＝5000萬（l）

Step (v) 現實性檢驗

堀：原來如此。那麼根據吉永同學的計算出來的①「500ml 以下的富維克消費量」為7.2億（若是再以進口礦泉水的市佔率為50%計算的話為3.6億），這樣的數字會比②比500ml更大的富維克年消費量的數字還來得大。
在吉永同學你的②的推定當中，我覺得你缺少了某項觀察…你覺得是什麼呢？

吉：（稍微沈默一下）……啊，我知道了！在①的「消費單位」我是以個人為基準，而在②我是以家庭為基準，然而，購買礦泉水的主體並非只有家庭而已。

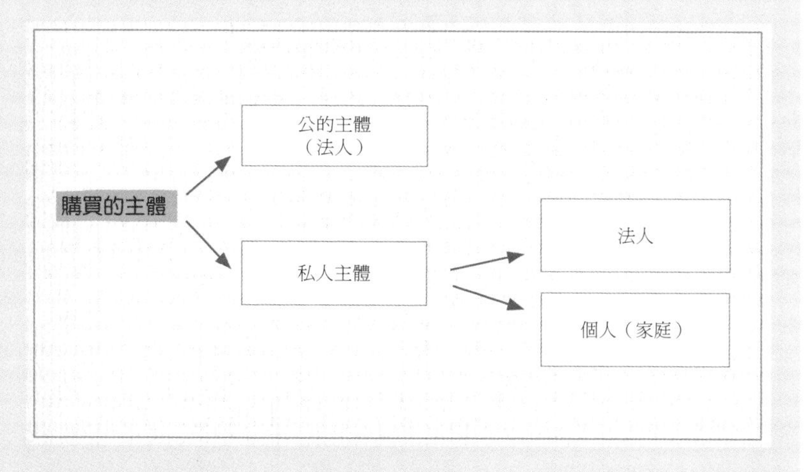

在購買的主體當中有所謂的「公的主體」（政府單位）以及「私的主體」，方才我是以私的主體中的「個人」來計算購買礦泉水的數量。

但實際上，企業等等的法人亦會購買富維克礦泉水，所以為了求出更正確的數字，我必須考慮到在「私的主體」中的「法人」以及「公的主體」集體購買礦泉水的數量。

堀：是啊，如果你有觀察到這點，那麼吉永同學的推定就會更為準確。……謝謝你，最後的面試結果會再與你聯絡。

吉：今天非常的謝謝你。

（注：說實在話，這位吉永同學真是太厲害了。因為通常在面試中，應該沒有人能這麼順利的算出答案來。）

附錄一

費米推定可運用於實際生活中！

在本書中所刊載的費米推定的例體或是練習題，乍看之下都是些日常生活中不必要的提問，例如「日本有多少根電線桿」這種或許一輩子都不會被問過任何一次的問題。

然而，如同我在序文中說的，費米推定的好處並非在於回答那些天馬行空、沒必要的問題，而是在鍛鍊我們每個人有邏輯有效率的思考力，換句話說就是鍛鍊我們的「地頭力」。

作為實際的案例，我想要稍微提一下我在就職期間找工作時候的經驗。

眾所皆知，面試時一定會被問到你之所以想來該公司的理由是什麼？面對就職活動的學生或是社會人士，都會煩惱該怎麼將動機講的讓面試官感動萬分。

而我正是用費米推定來分析我的動機，由於我那將一切事物賦予理論以及分析的癖好，在參加面試時，我試著將我的動機模式以理論性的分析如下，其結果就變成以下的圖表（本來應該將「該公司隸屬的業界」→「該公司」→「該公司特別想進的部門」進行分門別類的說明，但是我們在此單純化）。

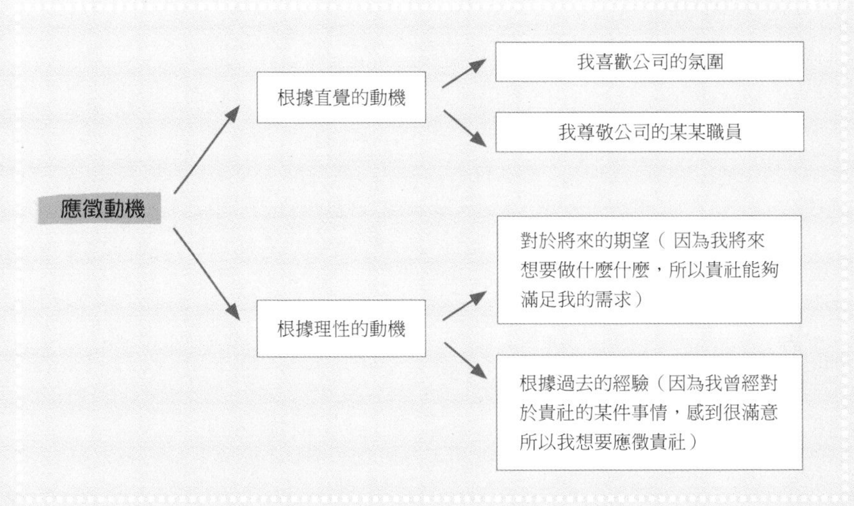

在應徵的動機裡，首先能區分為「根據直覺的動機」以及「根據理性的動機」。由於前者無法用理論加以說明其理由，但是因為無法說明為何喜歡這間公司的理油，因此我將其內容換成「我從何時在何地是如何喜歡貴社」，或是「怎麼樣尊敬貴社的某位職員」。

而「根據理性的動機」又區分為兩個動機。第一個為「有未來性」，例如，「因為我想要成為一名優秀的經營者，因此選擇從事戰略顧問工作。」另一個則是從過去的經驗，例如，「我過去樂於用自己的腦袋工作，所以我想要在需要用動腦的戰略公司工作。」諸如此類的動機。

不過老實說，你不可能在面試當中將圖表中的四個類型全盤脫出，即便如此，若是你能夠富有邏輯性的分析，並且網羅你的動機的話，你就能夠讓對方理解到你自己想要做什麼？以及為何在這邊工作的理由。無論如何，在解開費米推定的問題時，你都能讓你頭腦的思考變得更有邏輯性。

就像這樣，費米推定是個能夠在生活中鍛鍊思考力的訓練工具，所以你不要想著電線桿的數量是這個國家的事，與自己無關，而是要你更加認真的運用。

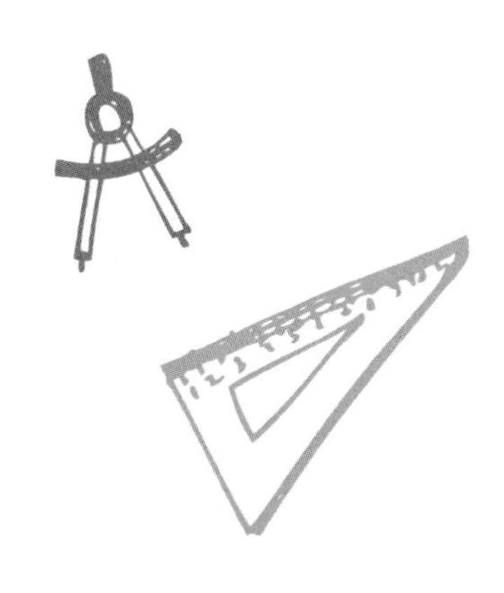

通過6＋1模式及15個核心問題，高效鍛煉管理力！

Part 2 將會解說右頁的 15 個核心問題，若能掌握這一系列問題的解決方法，基本上便可以應對所有費米推定問題了。

在進入Part 2的問題時，不要立刻去看答案與解說，不論難易度，先嘗試自己去思考，這樣會得到更好的鍛煉效果。

此外，作者根據自己的主觀判斷，將問題難度分為 「A、B、C」 三個等級，難度依次遞增，讀者可自行參考。

例題1：日本有多少絨毛玩具？　難度A

例題2：日本有多少輛汽車？　難度B

例題3：日本有多少個垃圾箱？　難度C

例題4：日本有多少個郵筒？　難度A

例題5：日本有多少家便利商店？　難度B

例題6：日本有多少家提供外賣服務的披薩店？　難度B

例題7：日本有多少座滑雪場？　難度C

例題8：日本有多少個溜滑梯？　難度C

例題9：絨毛玩具的市場規模　難度B

例題10：新幹線內咖啡的銷售額？　難度A

例題11：汽車市場的年新車銷售量　難度C

例題12：星巴克的銷售額　難度A

例題13：卡拉OK的銷售額　難度B

例題14：計程車（一輛）一天的銷售額　難度B

例題15：日本有多少家中式餐飲店？　難度C

難度 A

例題1

日本有多少絨毛玩具？

以個人、家庭為基準的存量問題

前提確認

簡單起見，除去店面中正在銷售的庫存，以及市場上還未流通的庫存，只考慮現時點消費者所擁有的玩具。

此外，絨毛玩具的所有者可以是個人，也可以是法人，因為是最開始的例題，所以本題我們只在個人範圍內討論。

公式設定

日本絨毛玩具的數量的計算公式為：

日本的人口×平均所有率×人均所有率

模式化

可將日本的人口以性別和年齡進行分類，根據自己的經驗，在下圖的每個儲存格的左側填寫所有率，右側填寫人均所有量。

作者根據自身經驗所填寫的結果如下表，並添加了數值大小以及數值間大小關係的依據。

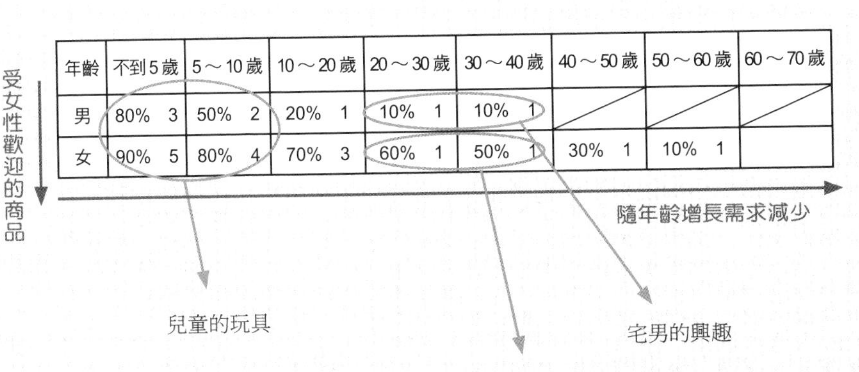

年齡	不到5歲	5～10歲	10～20歲	20～30歲	30～40歲	40～50歲	50～60歲	60～70歲
男	80% 3	50% 2	20% 1	10% 1	10% 1			
女	90% 5	80% 4	70% 3	60% 1	50% 1	30% 1	10% 1	

在此，我們必須求出各年齡段的人口數。這時我們會用到「壺型人口金字塔（構造）」的計算技巧。這是一個非常重要的技巧，請參照下圖，以便充分理解。

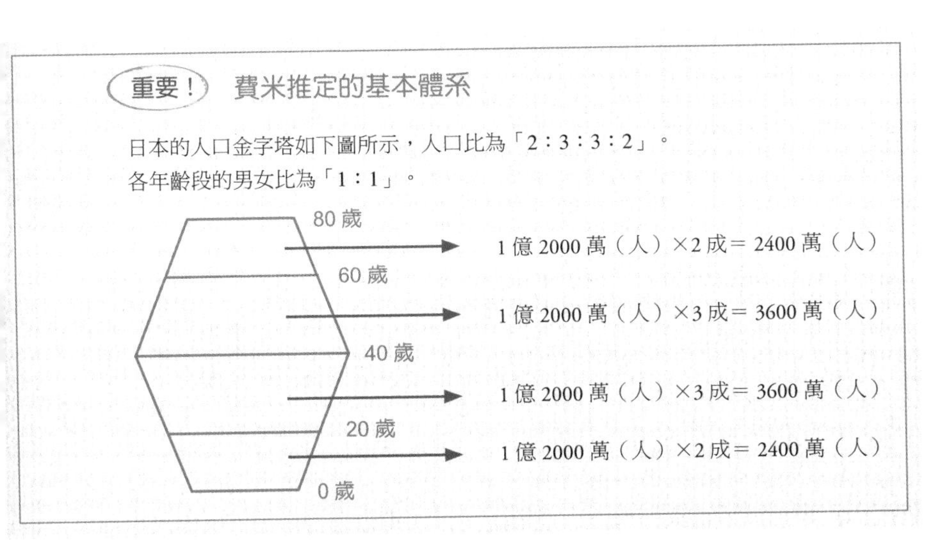

假設日本的人口構造為「壺型人口金字塔」形式，則0～20歲和60～80歲的年齡段中每一歲的男女人口數分別是60萬人（（2400萬人/20歲）÷2），20～60歲的年齡段中每1歲的男女人口數分別是90萬人（（3600萬人/20歲）÷2）。利用以上數值，可作出下表。此表顯示了不同性別各年齡段的人口數。

年齡	不到5歲	5～10歲	10～20歲	20～30歲	30～40歲	40～50歲	50～60歲	60～70歲
男	300萬	300萬	600萬	900萬	900萬	900萬	900萬	600萬
女	300萬	300萬	600萬	900萬	900萬	900萬	900萬	600萬

計算

結合前面兩個表格：

男性：300 萬（人）×80%×3（個）+300 萬（人）×50%×2（個）

+600萬（人）×20%×1（個）+900萬（人）×10%×1（個）

+900萬（人）×10%×1（個）

=1320萬個

女性：300 萬（人）×90%×5（個）+300 萬（人）×80%×4（個）

+600萬（人）×70%×3（個）+900萬（人）×60%×1（個）

+900萬（人）×50%×1（個）+900萬（人）×30%×1（個）

＋900萬（人）×10%×1（個）

＝4920萬個

因此，日本的絨毛玩具數量為：

1320萬（個）＋4920萬（個）＝6200萬（個）

現實性檢驗

以上算出的數值約為日本人口的一半。人口數的計算沒有太大的出入，如果存在誤差的話，可能是因為絨毛玩具所有率或者人均所有量的估算不準確所造成。

練習問題 1	日本有多少耳環？	難度 A
提示：耳環為何物？擁有耳環的人群是怎樣的人群？		

難度 B

例題2

日本有多少輛汽車？

以個人，家庭為基準的存量問題

前提確認

雖然汽車可分為家用汽車（家庭所有）和公用汽車（企業所有）。在此例題中，我們只考慮家用汽車。

公式設定

日本汽車數量的計算公式為：

家庭數×平均所有率×各家庭平均所有數

模式化

接下來我們考慮如何將所有家庭進行分類。

首先，由於公車、電車等公共交通設施的完備程度不同，汽車的必要性也會不同，所以作者認為從都市、農村兩個方向進行分類是很重要的。此外，汽車的價格高，因此所有率及所有數都應該與家庭年收入成正比。

在此，考慮到家庭收入與戶主的年齡存在相關性，將家庭按都市與農村進行分類，並假設不同年齡層的汽車所有率、所有數如下表：

	戶主年齡	20～30歲	30～40歲	40～50歲	50～60歲	60～70歲
都市	所有率	10%	30%	50%	70%	50%
	所有數	1	1	1.2	1.2	1.2

	戶主年齡	20～30歲	30～40歲	40～50歲	50～60歲	60～70歲
農村	所有率	60%	70%	80%	90%	80%
	所有數	1	1	1.2	1.2	1.2

考慮到外出頻率比較低，所有率有所下降。

假設 10 個家庭中有 2 個家庭擁有 2 輛汽車，1.2 是平均所有數。

假設都市與農村的人口比例為1：1（實際上，東京、神奈川、琦玉、千葉、名古屋、大阪、京都、福岡這些都市的人口加起來，大約是日本總人口的一半！）。

考慮到農村的家庭人口數較多，所以，將城市的平均家庭人口數設定為2.5人，農村的平均家庭人口數為3.5人。因此，都市與農村的家庭數如下：

都市：6000萬（人）÷2.5（人/戶）＝2400萬（家庭）

農村：6000萬（人）÷3.5（人/戶）≒1700萬（家庭）

接下來，我們要考慮不同年齡層的戶主比例。假設都市的年輕家庭較多，不同年齡段的家庭比例如下表：

戶主年齡	20～30歲	30～40歲	40～50歲	50～60歲	60～70歲	合計
都市	20%	20%	25%	25%	10%	2400 萬戶
農村	15%	15%	20%	25%	25%	1700 萬戶

※由此表可得知都市及農村中，不同年齡層的戶主數量。

計算

例如，都市中戶主年齡在20～30歲之間的家庭所擁有的汽車數為：

都市家庭數×20～30歲的戶主比例×平均所有率×平均所有數

＝2400萬（戶）×20%×10%×1（輛）

根據以上兩個表格的資料，可計算所有年齡層家庭的汽車擁有數，將它們全部加總，便可得到家用汽車的數量。

都市：2400萬（戶）×20%×10%×1（輛）

＋2400萬（戶）×20%×30%×1（輛）

＋2400 萬（戶）×25%×50%×1.2（輛）

＋2400 萬（戶）×25%×70%×1.2（輛）

＋2400 萬（戶）×10%×50%×1.2（輛）

＝1200萬（輛）

農村：1700萬（戶）×15%×60%×1（輛）

＋1700萬（戶）×15%×70%×1（輛）

＋1700 萬（戶）×20%×80%×1.2（輛）

＋1700 萬（戶）×25%×90%×1.2（輛）

＋1700萬（戶）×25%×80%×1.2（輛）

＝1500萬（輛）

因此，家用汽車數量為：

都市：1200萬（輛）＋農村：1500萬（輛）＝2700萬（輛）

現實性檢驗

根據汽車檢查登錄情報協會的資料顯示，截止至2008年 9月已登錄的家用汽車數量為5782萬輛。推定數量比實際數量少了很多，其原因很可能是低估了都市家庭汽車所有率。

練習問題 2	日本有多少隻貓？	難度 
提示：貓是什麼？貓是家裡養的動物，可先嘗試以家庭基準計算！		

難度 C

例題3 日本有多少個垃圾箱？

以法人為基準的存量問題

前提確認

垃圾箱的分類如下：

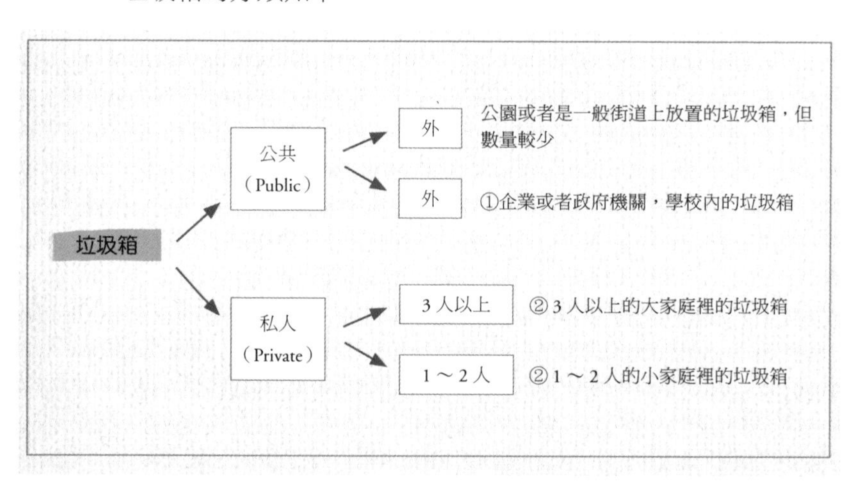

這個問題，根據「垃圾箱的所屬」的觀點，可以從①法人基準或②家庭基準進行計算。

公式設定

① 法人基準

法人大致上可分為社會人所屬的公司（包括政府機關、NPO、NGO等），主要是學生所屬的學校。

法人所有的垃圾箱數量的計算公式為：

公司數×各公司垃圾箱的數量
＋學校數×各學校的垃圾箱數量

② 家庭基準

家庭的人數不同，垃圾箱的數量也不同，因此，可將家庭粗略分為1～2人的小家庭及3人以上的大家庭。

家庭所有的垃圾箱數量的計算公式為：

小家庭數×各小家庭的垃圾箱數量
＋大家庭數×各大家庭的垃圾箱數量

模式化

① 法人基準

● 公司

如果知道日本全國的公司數的話，計算就方便多了。但是即使不知道，也可以用以下公式求出：

公司數＝日本的勞動人口÷各公司的平均人數

此外，如果20～60歲中每一歲的人口是180萬人的話（參照P.37「壺型人口金字塔」），假設90萬的女性中有一半是家庭主婦，那麼除去這部分人口，日本的勞動人口為：

180萬（人）×40（年）－90萬（人）×50%×40（年）
＝5400萬（人）

接下來，求各公司的平均人數。

假設公司中有9成是10人的小公司，1成是100人的大公司，那麼加權平均之後可得出各公司平均人數約為20人（10（人）×90%＋100（人）×10%）。

綜合上述，可求得公司數量為：

5400萬（人）÷20（人）＝270萬（家）

此外，憑感覺各公司中每兩人應該有一個垃圾箱，則各公司的垃圾箱數量為：

20（人）÷2（人）＝10（個）

● 學校

其次，求學校的數量。學校的數量計算公式為：

學校數＝學生人口÷各學校平均人數

假設6～20歲中各年齡的人口為120萬人，那麼學生人口數為：

120萬（人）×15（年）＝1800萬（人）

此外，小學6年，中學3年，高中3年，大學4年。取其平均為4年。若每一年級有100人，那麼各學校平均人數為：

100（人）×4＝400（人）

綜上，學校的數量為：

1800萬（人）÷400（人）＝4萬5000（所）

此外，假設每20人一個垃圾箱，則各學校的垃圾箱數量為：

400（人）÷20（人）＝20（個）

② 家庭基準

計算大（小）家庭數量的公式為：

大（小）家庭數＝所有家庭數×大（小）家庭的比例

日本的人口為1億2000萬人，家庭平均人口為2.5人（簡單起見，多數情況下按3人計算）。因此，全部家庭數為：

1億2000萬（人）÷2.5（人）＝4800萬（戶）

此外，憑感覺可假設大（小）家庭的比例為：單人家庭30%，2人家庭30%， 3人以上家庭為40%（參照現實性檢驗）。即，

小家庭的比例＝60%
大家庭的比例＝40%

綜合上述可得：

小家庭數＝4800萬（戶）×60%＝2900萬（戶）
大家庭數＝4800萬（戶）×40%＝1900萬（戶）

此外，根據日常經驗，作者將各家庭的垃圾箱數設定為：

各小家庭垃圾箱數＝1個
各大家庭垃圾箱數＝3個

計算

接下來，就用此前所求的數值進行計算。

① 法人基準

法人所有的垃圾箱數量為：

270萬（家）×10（個/家）＋4.5（萬所）×20（個/所）
≒2800萬（個）

② 家庭基準

家庭所有的垃圾箱數量為：

2900萬（戶）×1（個/戶）＋1900萬（戶）×3（個/戶）
＝8600萬（個）

因此，由①②得，日本的垃圾箱數量為：

2800萬（個）＋8600萬（個）
＝1億1400萬（個）

現實性檢驗

國稅局的資料顯示，法人有253萬6878家（2004年度），文部科學省的資料顯示，學校有4萬7912所（2003年度）。由此可見，本文中推定公司數以及學校數的方法是無誤的。

此外，根據2005年度的國情調查，全部家庭數為4906萬3000戶，其中，單人家庭為29%，2人家庭為26%，3人家庭為18%，4人家庭為15%。請注意，單人家庭以及2人家庭都是接近3成。

練習問題 3	日本有多少台影印機？	難度 C

提示：首先將影印機進行分類。其次，影印機的所有主體是誰？

難度

日本有多少個郵筒？

以面積為基準的存量問題

前提確認

郵筒是郵政局為在國內提供郵遞服務而在日本各個地區統一設置的准公共設施。在此，我們將簡單的用面積基準進行計算。

公式設定

日本郵筒數量的計算公式為：

日本的面積÷一個郵筒的面積

模式化

日本的面積約為38萬km^2，其中3/4是山地，1/4是平地。

假設山地中，無人區域為其中的1/3，有人區域為其中的2/3。

其次，無人的山地中當然沒有郵筒，而有人的山地以及平地內，郵筒所占的比例各是多少，可憑感覺進行設定。

如果在山地上，以每小時4km的速度走30分鐘，或者在平地上以每小時4km的速度走15分鐘可遇到一個郵筒的話，那麼可假設：（參考右圖）

有人山地（農村）：$2km^2$一個郵筒
平地（市區）：$1km^2$一個郵筒

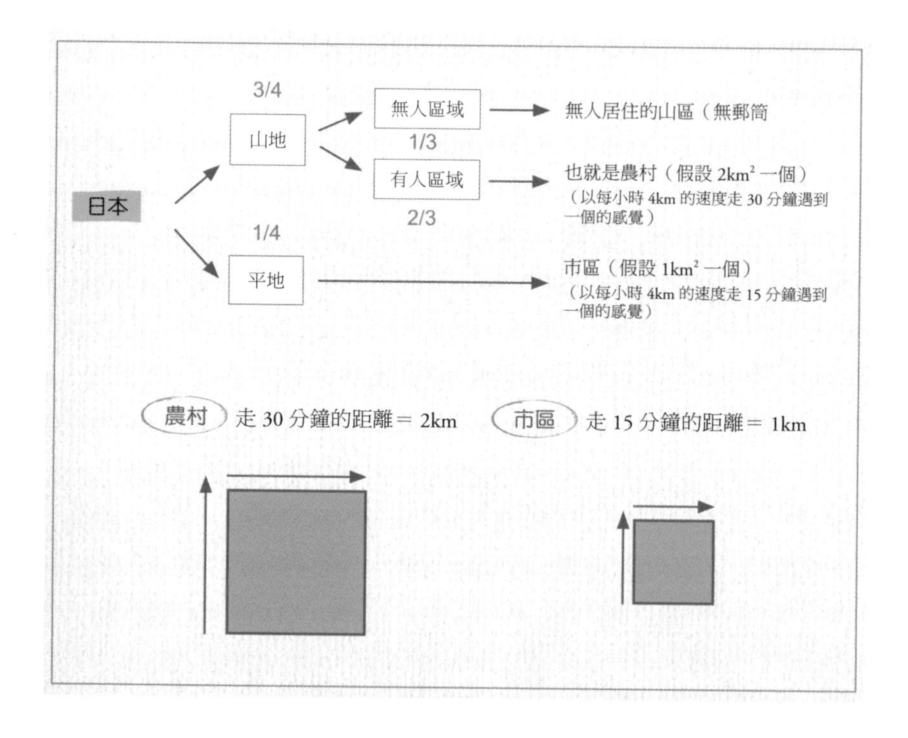

計算

綜合上述，日本的郵筒數量為：

38萬（km^2）×3/4×2/3÷4（km^2/個）＋38萬（km^2）×1/4÷1（km^2/個）

≒14萬個

現實性檢驗

根據2008年日本郵政集團《企業決算公開》雜誌的資料顯示，2007年度（最新）的郵筒數為19萬2157個，就推定出來的數字來看可以說是滿不錯的。

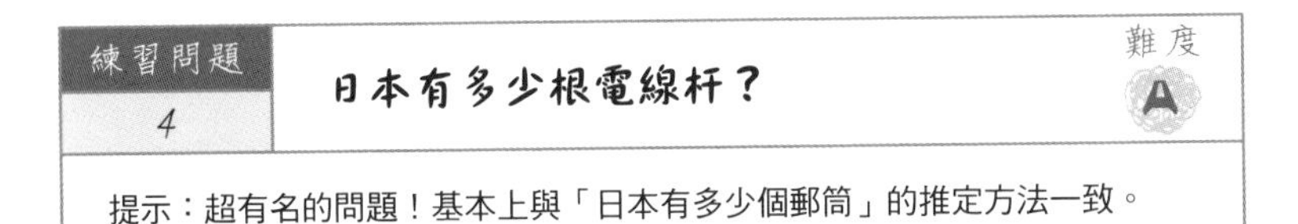

難度 B

日本有多少家便利商店？

以面積為基準的存量問題

前提確認

假設便利商店的分佈與人口密度成比例。那麼，首先從比較好入手的東京開始，以面積為基準求便利商店的數量。它的數量應該是「日本總人口/東京都的人口」的倍數（把住在東京以外的人算入其所住的都道府縣內，會比較容易理解）。

公式設定

日本的便利商店數量的計算公式為：

東京都的便利商店數×（日本總人口/東京都的人口）

模式化

① 東京都內便利商店的數量

東京都內便利商店的數量可用以下公式求得：

東京都的面積（平地）÷一家便利商店的面積

重要！ 東京都的面積

乘坐南北線，從赤羽岩淵出發經由目黑到達多摩川站大約需要 1 小時；乘坐東西線、JR 線從葛西出發經由中野、三鷹到達奧多摩站大約需要 2 小時。

假設電車的平均時速為 40km，那麼可將東京都看作是一個南北方向長 40km，東西方向長 80km 的正方形。

因此東京都的面積＝ 40（km）×80（km）＝ 3200（km^2）。

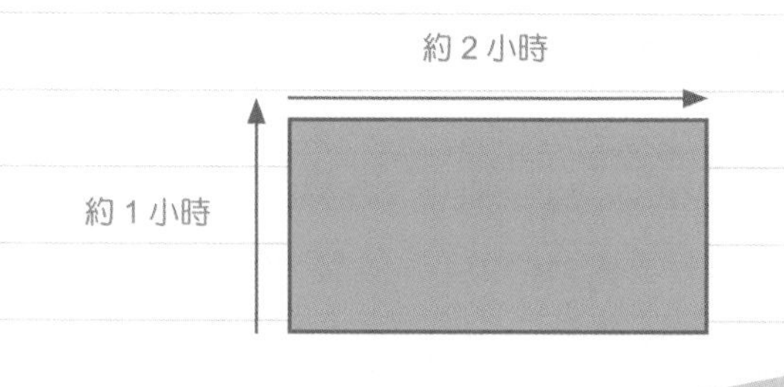

首先，求出東京都的面積（平地）。

東京都西部1/4為山地，因此，平地面積為：

3200（km^2）×3/4＝2400（km^2）

此外，通過如下假設求一家便利商店的面積

- 在東京，每一站附近有2～3家
- 如果時速為40km的電車行駛一站需3分鐘，則兩站間的

距離為2km

邊長為2km的正方形（即4km^2）中有2.5家（2～3家的平均值）便利商店

綜上，一家便利商店的面積為：

4（km^2）÷2.5（家）＝1.6（km^2）

即一家便利商店的面積為1.6km^2。由此，東京都的便利商店數為：

2400（km^2）÷1.6（km^2/家）＝1500（家）

② 日本總人口/東京都的人口

接下來，求「日本總人口/東京都的人口」：

日本總人口：1億2000萬人

東京都人口：白天人口1500萬人，夜間人口1200萬人，取平均值為1400萬人（為計算簡便，可在白天人口與夜間人口之間取其一）

綜上，日本總人口/東京都的人口為：

1億2000萬（人）/1400萬（人）≒8.6

計算

由①②可得，日本的便利商店數量為：

1500（家）×8.6≒1萬3000（家）

現實性檢驗

根據2008年社團法人日本特許連鎖協會的《便利店調查統計月報》顯示，全國有4萬1666家便利商店。這裡算出的數值不到現實資料的1/3。在東京都中心的繁華地段（澀谷、新宿等）有十幾家便利商店，「每站附近有2～3家」的假設可能是導致這次數值偏小的原因。

練習問題 5	日本有多少家星巴克？	難度 
提示：首先求出自己所在地區的星巴克數量！與便利商店一樣，可從「店的數量與人口成比例」入手。		

例題6

難度 B

日本有多少家提供外賣服務的披薩店？

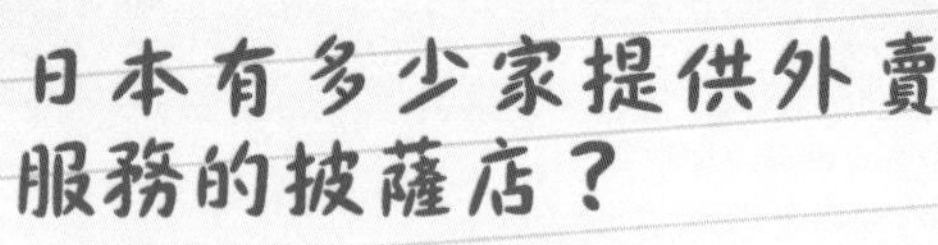

以面積為基準的存量問題

前提確認

提供外賣服務的披薩店，在一定時間內配送摩托車能夠到達的區域內會有一家。這裡的「日本提供外賣服務的披薩店的數量」用面積基準來求。

公式設定

日本提供外賣服務的披薩店數量的計算公式為：

日本的面積÷一家店鋪的面積

模式化

① 日本的面積

日本的面積約為38萬km^2。其中，3/4是山地，1/4是平地。假設山地中，無人區域為其中的1/3，有人區域為其中的2/3。

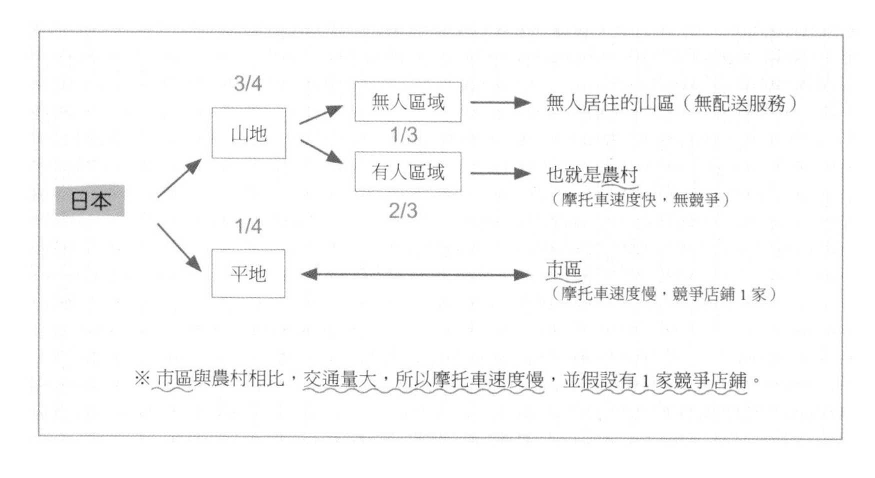

由此可得，農村、市區的面積分別為19萬km^2、9.5萬km^2。

② 一家披薩店的面積

求一家店的面積時，將分農村、市區兩種情況討論。

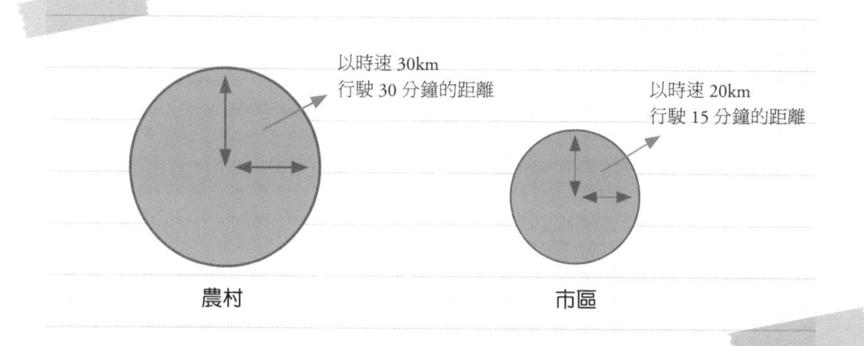

在農村，假設在摩托車以30km每小時的速度在30分鐘以內到達的範圍內有1家披薩店的話，那麼由以下公式可得：

PART 2 通過6+1模式及15個核心問題，高效鍛煉管理力！

15（km）×15（km）×π≒700（km^2）

700km2內有一家披薩店。

在市區，假設在摩托車以20km每小時的速度在15分鐘以內到達的範圍內有2家披薩店的話，那麼由以下公式可得：

5（km）×5（km）×π≒75（km^2）

75km^2內有2家披薩店。

計算

由①②可得，日本提供外賣服務的披薩店的數量為：
（19萬（km^2）/700（km^2））×1（家）
＋（9萬5000（km^2）/75（km^2））×2（家）
≒2800（家）

現實性檢驗

在外賣披薩行業，市場份額前三名分別為佬披薩La pizza（約530家）、必勝客（約360家）、達美樂披薩（約180家）。將其全部加總也不過1000家左右，比計算結果要少很多。

在以上的推定中，如果市區沒有競爭，那麼結果為1500家，這個是比較接近現實的資料。

然而，實際上在占日本面積較大的農村，基本上沒有外賣披薩店。我們估計，商品的配送這一商業模式，可能是只有在達到一定的人口密度的地方才有開店。

例：2009年1月的店鋪數（依各公司主頁顯示）

	佬披薩	必勝客	達美樂
四國	0	4	1
九州	0	4	2

練習問題 6

日本有多少消防隊？

難度 B

提示：與外賣披薩一樣，應該是在一定時間內能夠到達的區域內會有一隊。

難度
C

日本有多少處滑雪場？

以單位為基準的存量問題

前提確認

「降雪」這一氣象條件是滑雪場存在的必要條件。請回想日本列島的地圖，解答本題可以以都道府縣為基準（單位基準）進行統計。

公式設定

日本的滑雪場數量的計算公式為：

各都道府縣滑雪場的平均值×有滑雪場的都道府縣的數量

模式化

日本都道府縣年積雪量的分類如下：

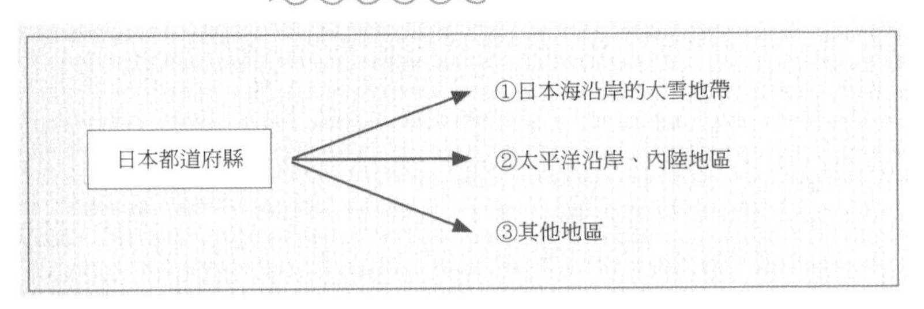

根據面積和降雪量的相關地理知識以及自身的日常經驗：

①日本海沿岸的大雪地帶：

北海道（60）、青森（30）、秋田（30）、山形（30）、新潟（40）、富山（30）、石川（30）

②太平洋沿岸、內陸地區：

岩手（20）、宮城（20）、福島（20）、長野（20）、岐阜（20）

③其他地區：

扣除沖繩的34個縣的山嶽地帶各有5處滑雪場。

計算

日本的滑雪場數量，根據①～③的假設，進行如下計算：

①日本海沿岸的大雪地帶有250處
②太平洋沿岸，內陸地區有100處
③其他地區有170處（34×5處）

由此可知，日本的滑雪場數量為：

250＋100＋170＝520處

現實性檢驗

根據《有關滑雪場產業的動態調查》（2006年日本自由時

間運動研究所）顯示，日本有708處滑雪場。這次在相對正確的比例和推算方法下得出了較好的結果。根據面積以及年降雪量這個基準進行邏輯推理，可以得出各都道府縣間滑雪場數量的相對大小。但是相對於此，絕對的數量就要靠個人的經驗感覺來推算；從絕對數值的規模設定，是個難點。

這個問題可以根據「總體需求÷個體供給」的公式求出（參照例題15）。

也就是說，公式設定中，滑雪場的數量可用以下方法求出：

滑雪場年接客量÷各滑雪場年平均接客量

有時間的讀者可以自行嘗試這種方法。

練習問題 7	有多少處世界遺產？	難度 C
提示：每年世界教科文組織以國家為單位進行世界遺產的認證。以國家為單位求世界遺產的數量。		

難度 C

例題8

日本有多少個溜滑梯？

以單位為基準的存量問題

前提確認

假設學校（小學與幼稚園）和公園裡有溜滑梯。以下將以學校和公園為基準（單位基準）求溜滑梯的數量。

公式設定

日本溜滑梯數量的計算公式為：

學校數×溜滑梯所有率（學校）×平均所有量（學校）

＋公園數×溜滑梯所有率（公園）×平均所有量（公園）

模式化

① 學校的數量

這裡的「學校」限定為小學以及幼稚園。所以學校數量的計算公式為：

小學數量＋幼稚園數量

＝小學生人口/小學平均學生數＋幼兒人口/幼稚園平均學生數

日本全國每個學年的人口為120萬人，假設一所小學中一學年的學生數為100人，那麼小學的數量為：

小學生人口/小學平均學生數

（120萬（人）×6）/（100（人）×6）

＝1萬2000（所）

其次，上幼稚園的為3歲到5歲的兒童，每個學年的人口數為110，假設一所幼稚園內有100個兒童，則幼稚園的數量為：

幼兒人口/幼稚園平均學生數

（110萬（人）×3）/（100（人））

＝3萬3000（所）

由此可知，學校的數量為：

1萬2000（所）＋3萬3000（所）

＝4萬5000（所）

② 所有率・平均所有量（學校）

由於占地面積小，假設5所學校中有1所沒有溜滑梯，則學校的溜滑梯所有率為 80%，平均所有量（學校）為1個。

③ 公園的數量

公園的兩個功能分別為提供大人放鬆的場所以及兒童遊玩的場所。

以可供兒童遊玩並設有溜滑梯的公園為本題的考慮對象，並且假設可供兒童遊玩的公園的建設，與0～10歲兒童的人口密度成正比。

在此，作者先從較容易入手的東京都內的公園入手，用面積基準求公園的數量，其後根據兒童的人口比例求全國的公園數量。

換而言之，公園的數量為：

東京都內公園的數量×（全國兒童人口/東京兒童人口）

根據地理知識以及日常經驗推斷東京都內的公園數量。一個區內，包括小公園，假設有100處公園，那麼都內（23區＋30市町村）的公園數為：

100（處）×53（區市町村）

＝5300（處）

根據人口金字塔，全國兒童人口為總人口的10%，而年輕人口比例較高的東京為15%，所以全國兒童人口/東京兒童人口為：

（1億2000萬（人）×10%）/（1200萬（人）×15%）＝6.7

由此，公園的數量為：

5300（處）×6.7＝3萬6000（處）

④ 所有率・平均所有量（公園）

由於公園的遊樂設施比較齊全，因此所有率（公園）會很高。在此假設所有率為90%，平均所有量為1個。

計算

由①～④可得，日本的溜滑梯數為：

學校數×溜滑梯所有率（學校）×平均所有量（學校）

＋公園數×溜滑梯所有率（公園）×平均所有量（公園）

＝4萬5000（所）×80%×1（個）

＋3萬6000（處）×90%×1（個）

＝6萬8400（個）

現實性檢驗

① 關於學校的數量

文部科學省所管轄的小學約有2萬4000所，幼稚園約有1萬3000所；厚生勞動省所管轄的幼稚園約有2萬3000所。三者之和為6萬所。以上算出的4萬5000所與現實資料相差不是很遠，是一個較好的推定數值。

② 有關公園的數量

根據朝日新聞的報導，由國土交通省所管轄的全國都市公園總數約為9萬3400處。這個數值的公園，是同時提供放鬆功能與遊玩功能的公園。提供遊玩功能的公園在全國範圍內有3萬6000處，這個數值也不是特別不切實際。

練習問題 8	東京有多少隻鴿子？	難度 C
提示：請充分設想鴿子在什麼地方。		

絨毛玩具的市場規模

宏觀銷售額問題

難度 8

前提確認

在求絨毛玩具的市場規模時，將問題鎖定在個人所擁有的絨毛玩具上。而「市場規模」的含義為日本年市場規模。

公式設定

絨毛玩具的市場規模的計算公式為：

絨毛玩具的均價×絨毛玩具的銷售量

另外，絨毛玩具的銷售量為：

日本的人口×絨毛玩具的購買率×人均年購買量

模式化

將日本人口按性別與年齡進行分類，下表中每個儲存格內，上面為絨毛玩具的購買率，下面為人均年購買量。

受女性歡迎的商品 ↓

年齡	未滿 5 歲	五歲以上未滿 10 歲	10～20 歲	20～30 歲	30～40 歲	40～50 歲	50～60 歲	60～70 歲
男	80% 0.5	80% 0.5	20% 0.25	10% 0.2	10% 0.2			
女	90% 1	80% 0.5	70% 0.3	60% 0.25	50% 0.25	30% 0.2	10% 0.2	

隨年齡增長需求減少 →

※ 毛假設絨玩具的購買率與存量情況下絨毛玩具的所有率相同（參照例題 1）

※ 人均年購買量為「0.5 個」是根據 2 年買一次、一次買一個的假設求出的。

計算

與存量的情況相同，求出各年齡段的人口，並結合上表的數值，求出下表。（計算參照例題1）。

年齡	未滿 5 歲	五歲以上	10～20 歲	20～30 歲	30～40 歲	40～50 歲	50～60 歲	60～70 歲
男	120 萬	45 萬	30 萬	18 萬	18 萬			
女	270 萬	120 萬	126 萬	135 萬	113 萬	54 萬	18 萬	

共計 1067 萬個

若絨毛玩具的均價為1000日圓，則絨毛玩具的市場規模為：

1000（日圓）×1067萬（個）≒107億（日圓）

現實性檢驗

根據矢野經濟研究所的「玩具產業最新市場動向調查結果」顯示，2004年絨毛玩具的市場規模約為200億日圓。結果略顯牽強，可能人均年購買量應設定一個稍大的數值。

練習問題 9	耳環的市場規模	難度 B
提示：事實上，市場規模的求法有很多，嘗試自己動腦思考。		

新幹線內咖啡的銷售額

宏觀銷售額問題

難度

前提確認

本題的定義為新幹線（東海道新幹線的東京到博多間往返）1天（平日）中車內咖啡的銷售額。

公式設定

新幹線內1天中咖啡銷售額的計算公式為：

1天中新幹線發車數×每班新幹線的銷售額

① 新幹線發車數

新幹線的發車數為：

（新幹線的執行時間/運行間隔）×2（往返）

在此，將新幹線的執行時間分為早上（6～10點）、中午（10～18點）、晚上（18～22點）三個時間段，分別計算。

② 每班新幹線的銷售額

每班新幹線的銷售額的計算公式為：

車廂座位數×入座率×車廂數×周轉率×咖啡購買率×咖啡單價

根據常識，假定每人最多買1杯咖啡。此外，周轉率通過，從始發站到終點站這段時間內乘客的平均乘車時間進行推測。例如，東京到博多之間行程6個小時，如果乘客平均乘車時間為3小時的話，周轉率為6÷3＝2。

模式化

將數值帶入得出下列表格。

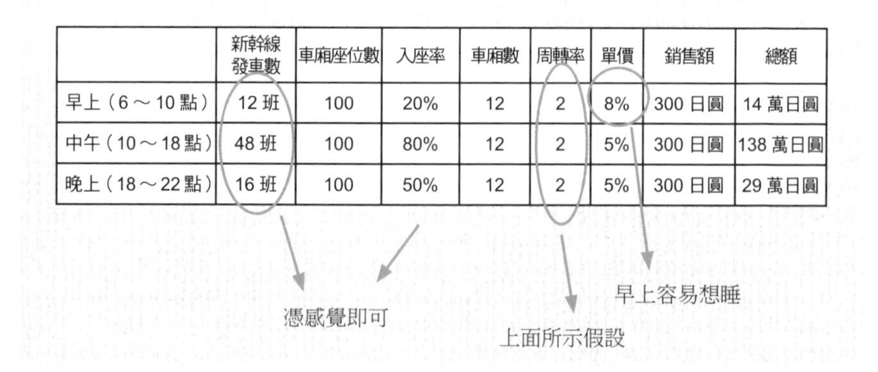

	新幹線發車數	車廂座位數	入座率	車廂數	周轉率	單價	銷售額	總額
早上（6～10點）	12班	100	20%	12	2	8%	300日圓	14萬日圓
中午（10～18點）	48班	100	80%	12	2	5%	300日圓	138萬日圓
晚上（18～22點）	16班	100	50%	12	2	5%	300日圓	29萬日圓

① 新幹線發車數

假設新幹線，早上40分鐘一班，中午20分鐘一班，晚上30分鐘一班，則新幹線總發車數為：

早上：（4小時/40分）×2＝12班

中午：（8小時/20分）×2＝48班

晚上：（4小時/30分）×2＝16班

計算

綜合上述，將表的右側每個時段的總銷售額相加，可得出1天的銷售額為：

早上：14萬（日圓）＋中午：138萬（日圓）＋晚上：29萬（日圓）

≒180萬（日圓）

現實性檢驗

每家星巴克一天的銷售額約為30萬日圓，因此上述求出的新幹線咖啡的銷售額與6家星巴克的銷售額相當。

練習問題 10	免洗筷的年消費量	難度 B

提示：使用免洗筷的主體是個人，什麼人會經常使用免洗筷？又是在什麼情況下使用？

難度 C

例題11 汽車市場的年新車銷售量

宏觀銷售額問題

前提確認

與存量問題相同，本題也將範圍限定為國內家用汽車，求「汽車市場的年新車銷售量」。此外，家用車主要是用戶主的名義登錄，所以此問題以家庭基準考慮比較合適。這個問題雖然是求銷售量，但是用求宏觀銷售額的方法同樣可以解決。

公式設定

求汽車市場的年新車銷售量時，可分以下兩種情況。一個是買車的新客戶（初次買車），另一個是換車（以舊車換新車）。所以新車銷售量可通過以下公式求得：

新車購買數量＋新車交換數量

新車購買數量以及新車交換數量為：

①新車購買數量＝

家庭數×初次購買率×平均購買量（假設是1輛）

②新車交換數量＝

（存量/使用年限）×追加購買率（假設是100%）

×平均購入量（假設是1輛）

這裡的追加購買率設定為100%的原因是，家用汽車是日常生活不可或缺的耐久消費品，過了使用年限就一定會換新品。

模式化

① 新車購買數量

可將日本的家庭分為都市家庭與農村家庭兩種。

此外，新車的購買率與戶主的年齡成正比。這是因為汽車是高價商品，新車購買率與家庭年收入成正比，而家庭年收入又與戶主年齡成正比。

根據都市、農村以及戶主年齡兩個方向進行分類，作出下列表格。

	戶主年齡	20～30歲	30～40歲	40～50歲	50～60歲	60～70歲
都市	新車購買率	10%/10年	20%/10年	20%/10年	20%/10年	20%/20年
農村	新車購買率	60%/10年	10%/10年	10%/10年	10%/10年	10%/20年

在農村裡車很有必要

※ 在此表中，假設都市 20～30 歲的人新車的購買率為 1%。這一年齡段的人購買新車的比例為 10%，其中一年內購買新車的比例為 10%÷10（年）＝ 1%。

此外，下表顯示了不同年齡層的戶主所占的比例（參照例題2）。

戶主年齡	20～30歲	30～40歲	40～50歲	50～60歲	60～70歲	合計
都市	20%	20%	25%	25%	10%	2400 萬戶
農村	15%	15%	20%	25%	25%	1700 萬戶

從以上兩個表格可以求出各年齡層的新車購買量。

② 新車交換量

存量數＝2700萬輛（參照例題2）

使用年限＝10年

計算

① 新車購買數量

根據以上計算，可得出下表。

	戶主年齡	20～30 歲	30～40 歲	40～50 歲	50～60 歲	60～70 歲	合計
都市	新車購買率	4.8 萬	9.6 萬	12 萬	12 萬	2.4 萬	40.8 萬
農村	新車購買率	15.3 萬	2.55 萬	3.4 萬	4.25 萬	2.13 萬	27.6 萬

由此表可得，新車購買量為：

都市：40.8萬（輛）＋農村：27.6萬（輛）≒68萬（輛）

② 新車交換量

新車交換量為：

2700萬（輛）÷10（年）＝270萬（輛）

由①②可知，汽車市場的年新車銷售量為：

68萬（輛）＋270萬（輛）≒340萬（輛）

現實性檢驗

根據日本汽車銷售協會聯合會的資料顯示，2008年新車銷售量為508萬2133輛。我們得出來一個比較接近的數字，會出現小出入的原因很可能是我們將例題2中求出來的2700萬量的存量，直接用在新車交換量的計算上。（實際上2008年9月登錄的家用汽車車輛數5782萬台）

練習問題 11	按摩椅的市場規模	難度 B
提示：誰會買按摩椅？用什麼購買方式？		

難度 A

例題12 星巴克的銷售額

個體銷售額問題

前提確認

這裡所說的星巴克的銷售額是特定1家店鋪1天的銷售額。在此，作者以自己經常光顧的本鄉三町目的星巴克為例進行計算。且銷售額可分為店內銷售額與打包外賣銷售額。因為周邊以及配送外賣的銷售額較少，姑且不算入銷售額內。

公式設定

星巴克1天的銷售額為：
人均消費×客流量

此外，客流量為：
坐席數×運作率×周轉率×營業時間

但是在此需要注意的是，店內消費的顧客與打包帶走的顧客要分開來求。

因此，坐席數×運作率×周轉率這個部分需要稍作改動，變成以下公式：

客流量

＝（店內顧客數×周轉率＋打包顧客數（每小時））×營業時間

※ 打包帶走的顧客不需要考慮周轉率

模式化

不同時間段星巴克內的擁擠程度不同，顧客吃的東西也不同，所以最好是將上式中各項隨時間段變化的數值進行分類，如下表。

時段	人均消費	店內顧客數	周轉率	打包顧客數（每小時）	銷售額
早上（8～11點）3小時	400日圓	20人	1	4人	2萬8800日圓
中午（11～13點）2小時	700日圓	50人	2	30人	18萬2000日圓
下午（13～18點）5小時	600日圓	30人	0.5	3人	5萬4000日圓
晚上（18～22點）4小時	400日圓	20人	1	4人	3萬8400日圓

表中的數值是根據以下假設求出來的。

① 人均消費額

早晚以咖啡（飲料）為主，所以人均消費較低為400日圓。考慮到中午作為午飯的麵包一類，下午作為午後點心的蛋糕、餅乾一類的銷售量較多，所以各時段的人均消費分別為700日圓與600日圓。

② 店內顧客數

考慮到整個店面的坐席數為60人（憑感覺），各時段的入座率是憑感覺填寫的。假設早晚為1/3，中午約8成以上，下午是一半左右。

③ 周轉率

周轉率是店內消費時間的倒數。例如，周轉率為0.5的時間段，顧客在店內的時間平均為2小時。

中午客人利用午休的時間來吃午飯，所以停留時間約為30分鐘（周轉率為2），下午客人來聊天、學習，停留時間較長為2小時（周轉率為0.5）。

④ 打包顧客數

打包的顧客不存在周轉率的問題，因此假設打包的顧客數與店內消費顧客數成比例。

具體說來，每小時打包的顧客人數為：

早上：20×1＝20人的2成，即4個人

中午：50×2＝100人的3成，即30個人（中午人潮較擁擠，所以打包的人較多。）

下午：30×0.5＝15人的2成，即3個人

晚上：20×1＝20人的2成，即4個人

計算

將上表中各時段的銷售額加總，得出星巴克一天的銷售額為：

2萬8800（日圓）＋18萬2000（日圓）＋5萬4000（日圓）＋3萬8400（日圓）≒30萬（日圓）

現實性檢驗

一位朋友在星巴克打工，其店與本鄉三町目的店面規模、商品種類以及價格都相似。根據他的情報，其店內1天的銷售額為20～30萬日圓。

如果將店內消費顧客，打包帶走顧客的人均消費按工作日及週末進行分類討論的話，結果應該會更準確。

練習問題 12	丸之內的拉麵店的銷售額	難度 
提示：丸之內是東京的商業街。想像一下商業街的情形，並設置各項數值。		

難度 B

例題13 卡拉OK的銷售額

個體銷售額問題

前提確認

卡拉OK的銷售額是指，一家卡拉OK一天內的銷售額。這裡，作者從一家位於澀谷的卡拉OK入手。為了簡單起見，卡拉OK銷售額只計算每小時的使用金，食品、飲料以及其他服務均不計算在內。

公式設定

卡拉OK銷售額的計算公式為：

人均消費×客流量

此外客流量的計算公式為：

店鋪容量×運作率×周轉率

但是，卡拉OK的銷售的話，可用以下公式替換：

店鋪容量＝房間數×各房間人數

模式化

時段不同，卡拉OK的擁擠程度以及顧客的人均消費單價也不同，所以根據時段分別進行討論。只是要注意使用金與使用時間成比例。

可參照下表。

時段	人均消費額	房間數	運作率	各房間人數	周轉率	銷售額
早上、中午（10～16 點）6 小時	300 日圓 / h×1h	50	40%	2 人	1	7 萬 2000 日圓
下午（16～18 點）2 小時	300 日圓 / h×2h	50	60%	3 人	0.5	5 萬 4000 日圓
晚上（18～23 點）5 小時	1000 日圓 / h×2h	50	100%	4 人	0.5	100 萬日圓
深夜（23～2 點）3 小時	1000 日圓 / h×3h	50	80%	2 人	1/3	24 萬日圓

表中的數值是根據以下假設所設定。

① 人均消費

假設只與使用時間有關並與其成比例。在此，假設18點以前一小時300日圓，18點以後一小時1000元。

② 房間數

假設一層有10個房間，一共五層，則一共50個房間。

③ 運作率

假設早上、中午以及下午客流量並不是很多（分別為40%，60%），晚上客滿，深夜也很多（80%）。這只是根據作者的感覺設置的資料

④ 各房間人數

從早到晚，單人顧客減少，團體顧客逐漸增加。由於深夜情侶以及單人顧客較多，所以設定為2人。

⑤ 周轉率

周轉率是使用時間的倒數。假設使用時間，早上、中午為1小時，下午、晚上為2小時，深夜為3小時。

計算

將上表加總可得，卡拉OK的銷售額為：

7萬000（日圓）＋5萬4000（日圓）＋100萬（日圓）＋24萬（日圓）

≒140萬（日圓）

現實性檢驗

根據調查問卷的結果顯示，全國1個房間月銷售額為31.3萬日圓。除以30天后，1個房間1天的銷售額為1.04萬日圓。據此，本題中有50個房間的卡拉OK店1天的銷售額為，1.04×50間＝52萬日圓。

因為是以地理位置較好的澀穀卡拉OK為原型，所以140萬日圓的答案也並不是一個不現實的數字。

練習問題 13	遊戲廳的銷售額	難度 B
提示：遊戲廳的容量按「遊戲機的數量」來算。另外，如何設定顧客群，請聯想身邊的遊戲廳。		

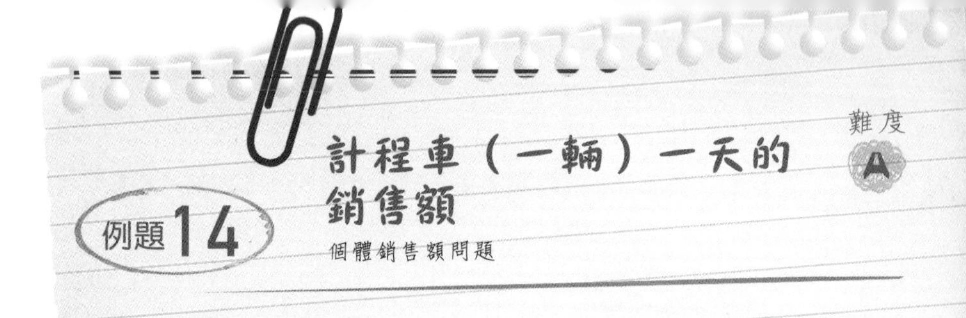

前提確認

東京的計程車司機，工作1天的收入。

公式設定

計程車1天的銷售額可按以下公式計算（雖然是與店鋪的銷售額基本一致的「個體銷售額」問題，但是請注意此問題中不包括坐席數與運作率的概念）。

接客單價×接客次數

模式化

根據時段的不同，乘客的目的地、乘車時間都會有所不同，因此每小時接客次數以及接客單價也會隨之變化。

根據時段進行分類，如下表。

時段		平均乘車時間	接客單價	接客次數	銷售額
早上（6～9點）	3小時	30分	4400日圓	2次	8800日圓
中午（9～12點）	3小時	5分	800日圓	6次	4800日圓
下午（12～15點）	3小時	5分	800日圓	6次	4800日圓
傍晚（15～18點）	3小時	5分	800日圓	6次	4800日圓
晚上（18～21點）	3小時	30分	4400日圓	2次	8800日圓
深夜①（21～24點）	3小時	30分	4400日圓	2次	8800日圓
深夜②（23～3點）	3小時	1小時	8900日圓	1次	8800日圓

此表資料，根據以下假設設定。

① 平均乘車時間

假設早晚以及深夜①②多為上班用，中午、下午、傍晚多為短距離乘車。上班一般30分鐘，尤其是末班車之後的深夜②為一個小時，並假設短距離的乘車時間為5分鐘。

② 接客單價

接客單價的計算公式為：

起步價＋里程運價（與乘車時間成比例）

為了簡單起見，無視乘車券等優惠。

再假設起步價為2km以內500日圓，超出部分1km追加300日圓。時速如果是30km的話，4分鐘以內為起步價500日圓，之後每2分鐘追加300日圓。

③ 接客次數

是指3個小時內的接客次數。平均乘車時間越短，接客次數越多。

計算

將上表加總可得，計程車1天的銷售額為：

8800（日圓）＋4800（日圓）＋4800（日圓）＋4800（日圓）＋8800（日圓）＋8800（日圓）＋8900（日圓）

≒5萬（日圓）

現實性檢驗

根據東京計程車協會總結的運送業績（2008年）顯示，東京1輛計程車1天的營業收入（日車營收）為4萬3147日圓（含稅）。

得到的數值非常接近，略微偏多的原因可能有以下幾點：

- 里程單價設定過高
- 平均乘車時間過長（特別是上班用）
- 接客次數過多

練習問題 14	一家 Kiosk 一天的銷售額	難度 B

提示：想像一下身邊的 Kiosk。此外，計算 Kiosk 的銷售額的公式並不固定。

難度 C

例題15 日本有多少家中餐店？

「總體需求÷個體供給」的存量問題

前提確認

中餐店，廣義上說就是日常生活中經常去的中餐店。在此，用總體需求÷個體供給的方程式求「日本中餐店」的數量。需要注意的是這裡說的「總體需求」是所有中餐店的需求量，而「個體供給」則是指一家中餐店的供給量。

公式設定

日本中餐店數量的計算公式為：

所有中餐店的顧客流量（一天）（總體需求）

÷每家店平均顧客流量（一天）（個體供給）

此外，所有中餐廳的顧客流量為：

日本總人口×每天平均外食頻率×選擇中餐店的概率

模式化

① 所有中餐店的客流量

首先，將日本的人口按年齡分類，若按下表中的A～E的分類方法，各類別的人口數如表格所示。

年齡	未滿 10 歲	10 歲	20 ～ 50 歲		60 ～ 70 歲
分類	A：兒童	B：學生	C：社會人士	D：主婦	E：老人
人口	1200 萬人	1200 萬人	5400 萬人	1800 萬人	2400 萬人

其次，每天平均外食的頻率要根據A～E不同的生活方式進行設定（假設早餐所有人都在家裡吃）。

	午飯	晚飯	根據
A：兒童	每周 1 次	每周 1 次	基本上在學校（供餐）或在家裡吃，僅周末隨父母外食。
B：學生	每周 3 次	每周 3 次	升上中學、大學後，早晚外食頻率都會提高。
C：社會人士	每周 6 次	每周 3 次	午飯由於工作需外食，晚上在家吃。
D：主婦	每周 2 次	每周 1 次	基本上在家自己做飯，少有外食。
E：老人	每周 1 次	每周 1 次	原本外出的頻率就很低。

進一步求選擇中餐店的概率。

日本外食的種類大致可分為西式、日式、義式、中式、法式這5種。憑感覺假定選擇各類的概率分別為：

西式（30%），日式（20%），義式（20%），中式（20%），法式（10%）

由此，選擇中餐的機率＝20%。

② 每家店平均客流量

想像一下身邊的中餐店，每家店平均客流量（1天）為：

坐席數×運作率×周轉率

現在，設定一天的營業時間為11～14點、18～22點。

時段	坐席數	運作率	周轉率	顧客流量
11～14點	30人	80%	2次/h（一次30分鐘）	144人
18～22點	30人	50%	1次/h（一次60分鐘）	60人

共計約200人

計算

由①可得，所有中餐店的客流量（1天）（需求）為：

（1200萬（人）×2/7＋1200萬（人）×6/7＋5400萬（人）×9/7
＋1800萬（人）×3/7＋2400萬（人）×2/7）×20%
≒2000萬（人）

由②得出每家店平均客流量（1天）（供給）為 200（人/家）。

因此，日本中餐店的數量為：
2000萬（人）÷200（人/家）＝10萬家

現實性檢驗

根據總務省平成16年度事務所、企業統計調查顯示，全國飲食店的總數約為73萬家。此外，根據美食家門戶網站的「美食嚮導」的資料顯示，東京市的中餐店約有1萬5000家。如果中餐店與人口密度成比例的話，中餐店的數量為：

1萬5000家×（1億2000萬/1500萬（東京市白天人口））
＝12萬家

與推測出的數值非常接近。

練習問題 15

日本有多少位美髮師？

難度

提示：先想想「總體需求」是什麼？「個體供給」又是什麼？

COLUMN

附錄二

簡單的費米推定訓練法

在就職活動中，作者成了公認的徹底的「費米白癡」。和朋友一周3次在星巴克裡進行幾小時的例題練習，回家後複習，而且每週到外部組織的討論會以及研討會進行1～2次的武士修行，同時堅持每天做幾道題的筆記。根據那一段的經歷，向大家介紹一下訓練法的3個竅門。

第一為「素材收集活動」。在解題時，問題當然是必要的。但自己通過各種管道去獲取素材是即快捷又有趣的。作者會將自己在走路時以及乘車時突然想到的問題記下，每天大約有5個，一周下來能積累30～40道題。儘管每次都驚訝於我帶到咖啡廳的題量，但最後還是都解出來了。這件事讓我在三位朋友面前一直抬不起頭。

第二，為了形成堅持練習的習慣，去「找一個費米推定的小夥伴」。想我們幾個人就是進行角色演練。在咖啡館裡，備好碼錶、活頁紙，手裡拿著四色圓珠筆，互相做彼此的面試官。模擬面試時，對於乍看無從下手的題目所表現出來的緊張嚴肅的表情，在周圍人看來可能就像是在演戲一樣。

最後就是「短跑與長跑並用」的技巧。也就是，5分鐘內解答或者30分鐘內解答，即限制不同時長的解題時間。5分鐘的「短跑」是為了鍛煉從整體上把握題目的」知識爆發力」，而與之相對的30分鐘「長跑」則是為了鍛煉思考問題的深度及準確性的「知識耐力」。只有兩者並用，才能在有限的時間內完成最完美的「比賽」。

堅持反覆做這樣的話，就會逐漸忘掉自己一天解了多少道費米推定問題。就會變成一個就算是走在路上也會不自覺的去想「日本有多少個檢修孔」、「日本有多少隻烏鴉」，就算是在聚會，回過神來時候已經在想「居酒屋的營業額」的人。而當你從刻意的去「解題」變到無意識的「自動操作」狀態時，你可能就要患上「費米病」了（笑）。

結語

作為本書作者其中一員的我，第一次遇到「日本有多少根電線杆」這個費米推定問題，應該是在2008年的春天。

剛結束就職活動的朋友來我家玩時，用略帶挑釁的語氣問我：「這題，你會嗎？」

猶記得當時的我看到這種基於假說（例如，一根電線杆的面積），以及拘泥於MECE（既不遺漏又不重複）的費米推定問題時，感到些許的異樣之感。

「這樣的答案，一點都不準確啊！」

對於朋友給出的答案，我提出了質疑。

但是在通過就職活動後，我逐漸意識到費米推定中所包含的，也就是解開「事例問題」時用到的，假說設定以及MECE分類的重要性。

換言之，我逐漸理解了，在解答包括費米推定的「事例問題」時，重要的不是結論，而是得出結論前的思考過程。

而今，在解答包括費米推定的「事例問題」是所進行的思考，我認為就是棒球中說的「手法練習」。也就是說，它是鍛煉一個人在考慮事情時，或者（如果是學生）進行社團活動時，再者在日常生活中要開始某件事情時，如何進行有效合理的思考。

當然，如果只進行「手法練習」的話，是不能「上場實戰」的。

特別是為了應對包括商業在內的現實社會中的「實戰」，集團的團隊合作、高漲的熱情、實際行動，以及其他各種因素都是必須的。然而，我認為「手法練習」是可以提高「實戰」中的獲勝機率的。

「一個還沒工作的傢伙在這說什麼呢！」雖然可能會被如此追問，但以上的想法僅是我這個即將踏入現實社會之人的一個「假說」。而這個「假說」的內容是否正確還需要去「證實」。

我想等自己工作以後去「證實」這個「假說」。

只是如果追根究底的話，就算我在商界做出較好的成果，但這個結果是否與「學生時代鑽研事例問題」這一事實有很強的因果關係，還需要進一步「證實」。

話題變得有些複雜了，就此打住吧（笑）。

無論如何，我也想請熱衷於本書所記載問題的同學，一定去「證實」一下我在上述提到的「假說」。

為了「證實」這個「假說」，也就是為了大家在以後的現實社會中取得讓自己滿意的結果，如果能通過本書為大家做出些許貢獻的話，那就是令人再高興不過的事了。

最後，感謝為製作本書盡心盡力的諸位。首先，感謝看過原稿後提出寶貴意見的小栗史也、趙震宇、宮崎亮。由於你們的幫助，才使這本書的內容更加完善，謝謝。另外，非常感謝一直在背後無償支援我的東大事例學習研究會的萬研一。非常感謝擔任這本書的編輯——東洋經濟新報社的桑原哲也先生給我們這次絕佳的機會。

最後，感謝《鍛煉地頭力》（東洋經濟新報社）的作者——細谷功先生。您的書從我就職到寫書，都給了我很大幫助。沒有這本書，就沒有現在的我，從心底裡感謝您，謝謝。

2009年8月

東大事例學習研究會代表

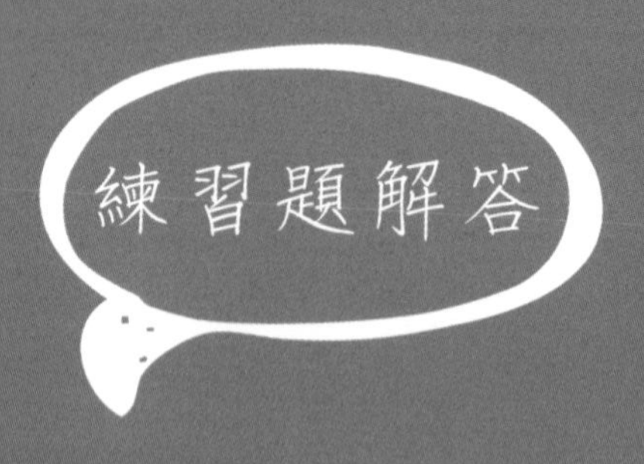

通過 15 道練習題
更上一層樓！

本章將對以下 15 個練習問題進行解說，請儘量
自己思考過後再看解答與說明。

練習題1：	日本有多少耳環？	難度A
練習題2：	日本有多少隻貓？	難度A
練習題3：	日本有多少台影印機？	難度C
練習題4：	日本有多少根電線桿？	難度A
練習題5：	日本有多少家星巴克？	難度B
練習題6：	日本有多少家消防隊？	難度B
練習題7：	世界遺產有多少座？	難度C
練習題8：	東京有多少隻鴿子？	難度C
練習題9：	耳環的市場規模	難度B
練習題10：	免洗筷的年消費量？	難度B
練習題11：	按摩椅的市場規模	難度B
練習題12：	丸之內的拉麵店的銷售額	難度A
練習題13：	遊戲廳的銷售額	難度B
練習題14：	一家Kiosk一天的銷售額	難度B
練習題15：	日本有多少位美髮師？	難度C

練習題

1

日本有多少耳環？

難度 A

前提確認

耳環的定義是「將耳朵穿孔，帶在耳朵上的裝飾品」（「沒有打孔」的耳飾，以及戴在耳朵以外的地方的耳環都不計算其中）。此外，僅限定在個人所有的範圍內。

公式設定

日本的耳環數的計算公式為：

日本的人口×耳環所有率×人均耳環所有量

模式化

下表將日本的人口按性別以及年齡進行分類，表格內的左側填入了所有率，右側填入了人均耳環所有量。

年齡	未滿 10 歲	10～20 歲	20～30 歲	30～40 歲	40～50 歲	50～60 歲	60～70 歲
男		5%　1	10%　1	0%　0	0%　0	0%　0	0%　0
女		25%　2	50%　3	25%　2	10%　2	0%　0	0%　0

將0到80歲的人口按上表進行分類。日本有人口1億2000萬人，如果每個年齡段的人數相同的話，各年齡層有人有1500萬人（1億2000萬÷8＝1500萬）。此外，若男女人口相同，則每個年齡層的男女人口各為750萬（1500萬÷2＝750萬）。也就是可以想像成長方形的人口金字塔（另一種求人口的方法為「壺型人口金字塔」。參照例題1）。

有關所有率，作以下假設：

① 與男性相比，女性更高

② 50歲以上的人沒有耳環（耳環是比較新的時尚）

③ 與10～20歲的人相比，20多歲的人更高（學校禁止青少年戴耳環的可能性較大）

至於人均所有量，應該與所有率相關。

計算

男性所有的耳環數量為：

750萬（人）×（5%＋10%）×1（個）

＝112.5萬（個）

≒100萬（個）

女性所有的耳環數量為：

750萬（人）×（25%＋25%＋10%）×2（個）

＋750萬（人）×50%×3（個）

＝2025萬（個）

≒2000萬（個）

因此，日本的耳環數量為：

100萬（個）＋2000萬（個）＝2100萬（個）

現實性檢驗

如果日本有1億2000萬人口的話，上式得出的數值，相當於每6個人中有1個人有1個耳環。根據作者的自身感覺，這個比例稍微有點少。這可能是女性的所有率以及人均所有量設定偏小所致。

練習題 2

日本有多少隻貓？

難度 A

前提確認

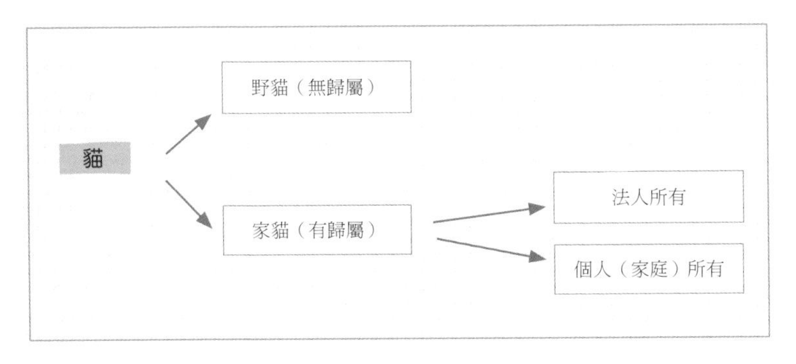

按上表將貓進行分類，我們將範圍限定在「家庭所養的貓」上。

公式設定

日本貓的數量的計算公式為：

日本的家庭數×貓的所有率×每戶家庭平均所有量

如果不以家庭為基準而是以個人為基準的話，貓的所有者有可能會重複計算，因此不合適。例如，磯野家的小玉（貓名），可能同時被海螺小姐、勝男、裙帶菜所擁有。這種情況下，所有者數（磯野家的人數）為7人，與此相比，貓只有1隻。

模式化

① 日本家庭數

日本一個家庭平均有3口人（父、母、孩子各1人），假設日本人口數為1億2000萬人的話，日本家庭數為4000萬戶（1億2000萬÷3）。

② 貓的所有率

求貓的所有率時，可將「日本家庭」如下分類。

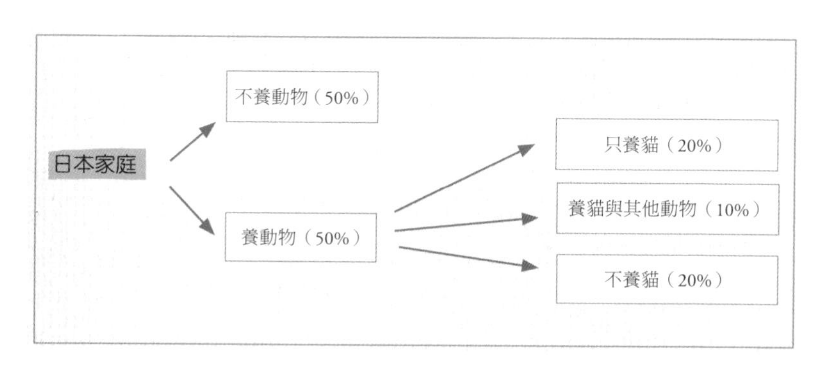

養動物的家庭約占50%，其中假設養貓的家庭為30%（20%＋10%）的話，貓的所有率為：

50%×30%＝15%

③ 每戶家庭平均所有量

在求每戶家庭平均所有量時，假設只有一隻的家庭為75%，2隻的家庭為20%，3隻的家庭為5%（簡單起見，排除養4隻以上的家庭）。

由此計算可得，每戶家庭平均所有量為：

1（隻）×75%＋1（隻）×20%＋3（隻）×5%

＝1.3（隻）

計算

由①②③可得，日本的貓數量為：

4000萬（戶）×15%×1.3（隻）＝780萬（隻）

換言之，在日本「個人所有的貓」的數量為780萬隻。

現實性檢驗

由寵物食品工業會發起的第14屆貓狗飼養率全國調查的資料顯示，2007年，貓的飼養數為1018.9萬隻。上面的計算稍微偏少。同時，同一調查資料顯示，每戶家庭平均飼養數為1.77隻，與上式中所設置的數值，「並沒有差太遠」。

練習題

3

日本有多少台影印機？

難度

前提確認

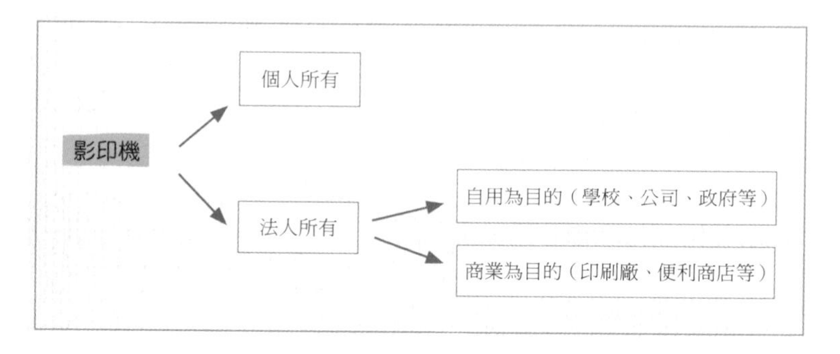

將「影印機」按上表進行分類，與「個人」相比，「法人所有的影印機」的數量更多，所以將範圍限定在「法人」範圍內。另一方面，「法人所有的影印機」分為「自用」及「商用」兩種。在此，只計算「自用為目的」的數量。

公式設定

「日本的影印機數」的計算公式為：

日本的法人數×法人所有的影印機的平均值

但是，由於法人的性質及規模千差萬別。所以首先將法人進行如下分類。

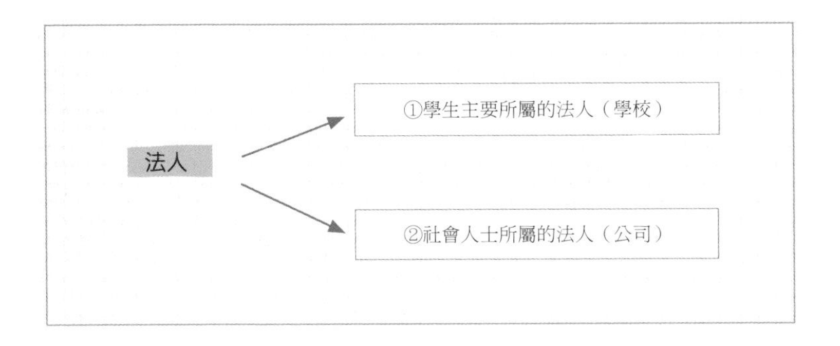

這樣分類的原因是，學校數量與公司數量的求法不一樣。換言之，各自的數量須通過不同的公式求出，即：

學校的數量＝學生人口÷每所學校平均學生數

公司的數量＝生產人口÷每個法人平均成員數

因此，「日本的影印機數量」可根據下式求得：

①：學校的數量×學校所有的影印機的平均值

＋②：公司的數量×公司所有的影印機的平均值

模式化

① 學校所有的影印機

- 學校的數量

學校的數量可由「學生人口÷每所學校平均學生數」求得：

1800萬（人）÷400（人）＝4萬5000（所）

（1學年＝100人，如果平均4學年的話，每個學校的學生數為100×4＝400（人）。詳情參考例題3）

- 學校所有的影印機的平均值

假設1學年（學生數100人）有1台，則學校所有的影印機的平均數為：

400（人）÷100（人）＝4（台）

② 貓的所有率

- 「公司」的數量

「公司」的數量為可通過生產人口÷每個法人平均成員數這一公式求得（假設有九成的公司為10的小公司，1成為100人的大公司，加權平均數約為20人。詳情見例題3）。即：

5400萬（人）÷20（人）＝270萬（家）

小公司與大公司的數量分別為：

小公司數量＝270萬（家）×90%＝243萬（家）

大公司數量＝270萬（家）×10%＝27萬（家）

- 公司所有的影印機的平均值

假設10個人的小公司所有的影印機的平均值為1台，考慮到影印機的所有量與公司職員人數成比例的話，那麼假設100人的大公司所有的影印機的平均值為10台。

計算

由①得，學校所有的影印機數量為：

4萬5000（所）×4（台）＝18萬（台）

由②得，公司所有的影印機數量為：

243萬（家）×1（台）＋27萬（家）×10（台）

＝513萬（台）

綜合上述，「日本的影印機數」為：

18萬（台）＋513萬（台）≒530萬（台）

現實性檢驗

根據經濟產業省生產動態統計的資料顯示，平成18年的影印機（數位以及彩色）銷售量約為155萬台，平成19年約為148萬台。如果假設影印機每5年全部更新一次且影印機每年銷售量為150萬台的話，日本現存的影印機數量為150萬台×5＝750萬台。

考慮到上式的數字，是將範圍限定在「自用為目的的法人所有」內求出來的，因此530萬台並不是一個非現實的數值。

練習題

4 日本有多少根電線杆？

難度

前提確認

不用說電線杆就是發電廠為了將電輸送給各家庭以及各法人設施而建造的。雖然電線杆是電力公司（東京電力等）或者通信公司（NTT等）所有，但是以「所有者」的數量為基準求「電線杆的數量」比較困難。所有在此，我們將以面積為基準進行計算。

公式設定

「日本的電線杆數量」的計算公式為：

日本的面積÷1根電線杆的面積

模式化

① 日本的面積

正如小學以及中學時記的一樣日本的面積約為38萬km^2。然而，我們也可以自己用費米推定的方法概算一下日本的面積。

例如，把日本的面積想像成如下長方形的樣子。

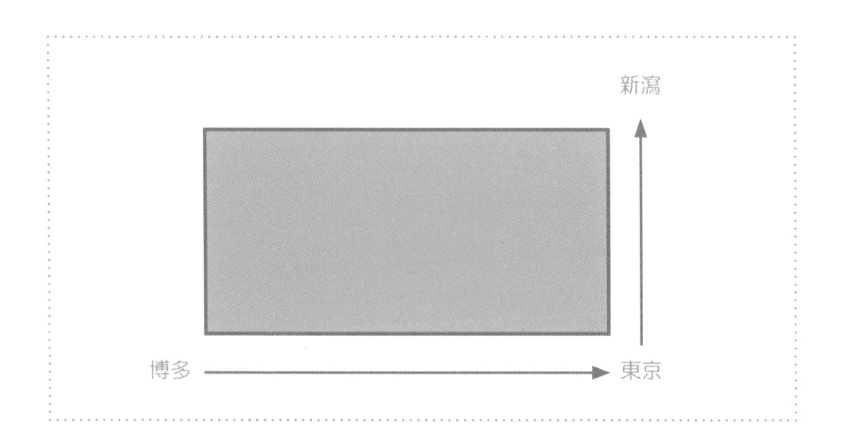

如果東京～新潟間的新幹線約為2小時，新幹線的平均時速為200km的話，東京～新潟的「寬」為：

2（h）×200（km/h）＝400（km）

而東京～博多間的新幹線約為5小時，東京～博多的「長」為：

5（h）×200（km/h）＝1000（km）

因此，日本的面積根據以上簡單的推定為：

400×1000＝40萬（km^2）

之後的計算，我們將沿用日本的面積為40萬km^2這一數值。

② 1根電線杆的面積

計算1根電線杆的面積時，我們先將日本的面積分為山地與平地。

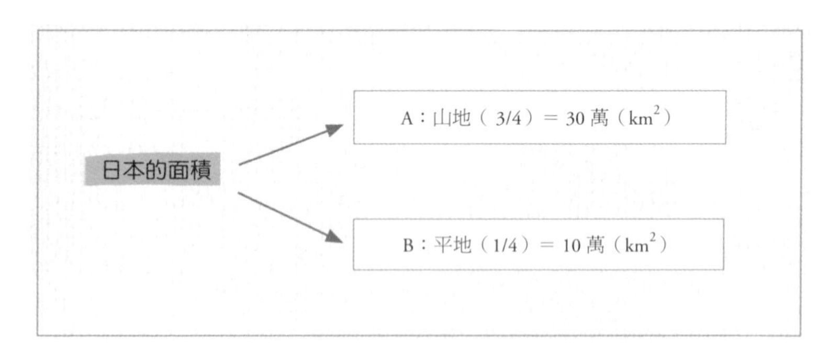

考慮到電線杆是給各個家庭以及法人輸送電力的，所以在家庭以及法人多的平地，電線杆應該更加密集。

- A：在山地1根電線杆的面積

假設在邊長為250公尺的正方形區域內有1根電線杆的話，在山地，1根電線杆的面積為：

1/4（km）×1/4（km）＝1/16（km^2）

- B：在平地1根電線杆的面積

假設在邊長為50公尺的正方形區域內有1根電線杆的話，在平地，1根電線杆的面積為：

1/20（km）×1/20（km）＝1/400（km^2）

計算

由①②得，「日本電線杆的數量」為：

30萬（km^2）÷1/16（km^2）

＋10 萬（km^2）÷1/400（km^2）

≒4500萬（根）

現實性檢驗

如上述所言，電線杆是電力公司或者通信公司（NTT等）所有。根據《電力事業便覽》（平成16年）的統計，電力公司10家合計約有2080萬根電線杆。另一方面，NTT 東日本約有570萬根，NTT西日本約有618萬根。也就是說，「日本電線杆的數量」實際為3268萬根。

推定的結果稍微比現實資料大了一些。日本面積的估算並沒有太大的出入，出現些許誤差的原因可能是「每根電線杆的面積」估算有誤。

練習題

5

日本有多少家星巴克？

難度

前提確認

提到「星巴克」，你能聯想到身邊有幾家星巴克？在此，作者根據自己生活的東京市內的星巴克數量，按比例算出「日本星巴克的數量」。

公式設定

「日本星巴克的數量」的計算公式為：

東京市內星巴克的數量×（日本總人口/東京市人口）

此外，東京市內的星巴克數量為：

東京市面積（平地）÷一家星巴克的面積

模式化

① 東京市面積（平地）

東京市的面積按「寬」、「長」80km的正方形計算（參照例題5）。假設東京市西邊1/4為山地，則東京市內平地的面積為：

40（km）×80（km）×3/4＝2400（km^2）

② 1家星巴克的面積

求1家星巴克的面積時，首先將東京市內的平地面積按中心（山手線內）與郊外（山手線外）進行分類。

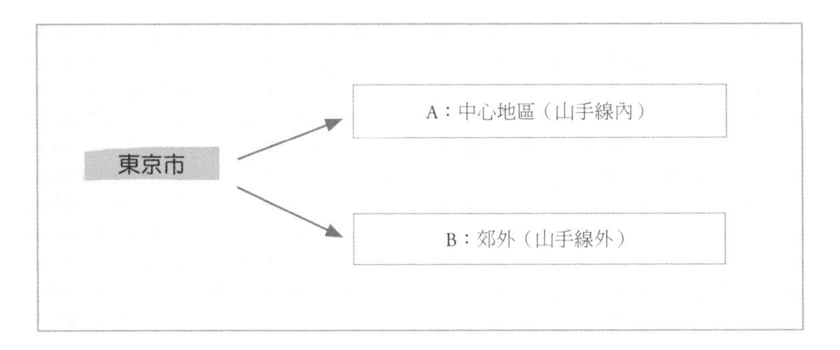

- A：中心地區（山手線內）一家星巴克的面積

將中心地區（山手線內）看作各為8km的正方形（從「澀谷」到「池袋」約為12分鐘，從「池袋」到「上野」約為12分鐘。將電車的時速設為40km的話，「長」、「寬」都是40km/h×12/60h＝8km）。

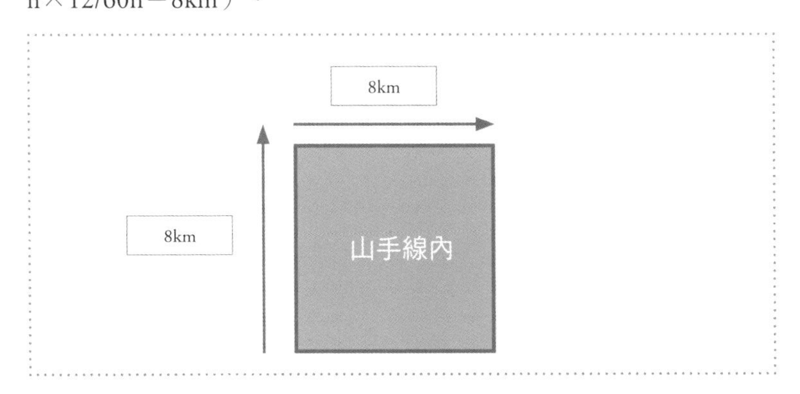

如果車站間運行時長為2分鐘的話，車站間的距離為：

40（km/h）×2/60（h）＝4/3（km）

考慮到有些車站附近有多家星巴克，所以假設山手線內一個車站附近有1.5家星巴克的話，山手線內邊長為4/3km的正方形內有1.5家星巴克。

- B：郊外（山手線外）1家星巴克的面積

山手線外的面積為東京市的面積（平原）減去上面山手線內的面積：

2400（km^2）－64（km^2）＝2336（km^2）

假設時速40km的電車在兩站之間行駛3分鐘，且每3站有1家店的話，邊長為6km（＝40（km/h）×3/60h×3）的正方形內有1家。

③ 日本總人口/東京市人口

東京市白天人口為1500萬。且，日本總人口為1億2000萬人的話，日本總人口/東京市人口為：

1億2000萬（人）/1500萬（人）＝8

計算

由①～③得：

山手線內的星巴克為：

8（km）×8（km）÷（4/3（km）×4/3（km））×1.5

＝54（家）

山手線外的星巴克為：

2336（km^2）÷（6（km）×6（km））≒65（家）

因此，日本星巴克的數量為：

（54＋65）（家）×8＝952（家）≒950（家）

現實性檢驗

星巴克的主頁顯示，2009年3月為止共有816家。僅看這個資料的話，上面求出的數值誤差並不是很大。

但是，東京市內的店鋪數為246家。與上面求的數字（119家）相差甚遠。東京人口密集，比如新宿站附近就有10多家星巴克。所以可能是東京的「中心地區」星巴克數量的數值估算偏差過大。

練習題

6

日本有多少消防隊？

難度 B

前提確認

消防隊是為應對火災在各地區所設置的機構。火災發生時，消防員以及消防車必須能夠儘快從消防隊到達火災現場。其次，為公共安全著想，消防隊的位置需要設置在「在一定時間內到達」火災現場的地方。

公式設定

「日本消防隊的數量」的計算公式為：

日本的面積÷1個消防隊的面積

模式化

① 日本的面積

日本的面積約為38萬km^2。

② 1個消防隊的面積

求1個消防隊的面積時，需將日本的面積分為平地與山地。

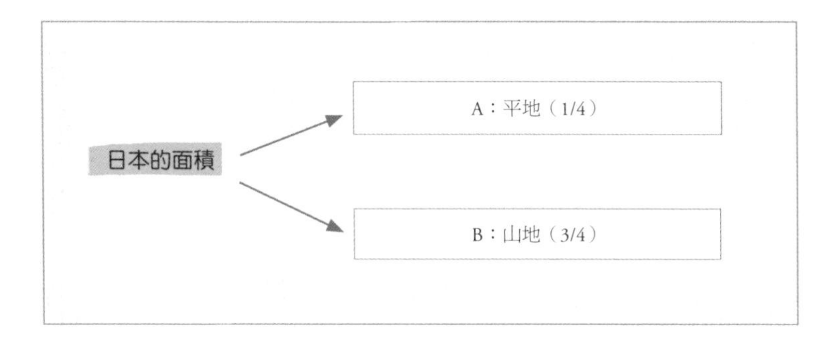

平地與山地相比，假設消防隊的分佈更為密集。

- A：平地中一個消防隊的面積

在平地，假設消防車必須在10分鐘內到達現場，且消防車的時速為36km，則：

36（km/h）×10/60（h）＝6（km）

因此，在平地，以6km為半徑的圓形區域內會設有1個消防隊。

但是為了方便計算，將消防隊的活動範圍改為邊長為12km的「正方形」區域。

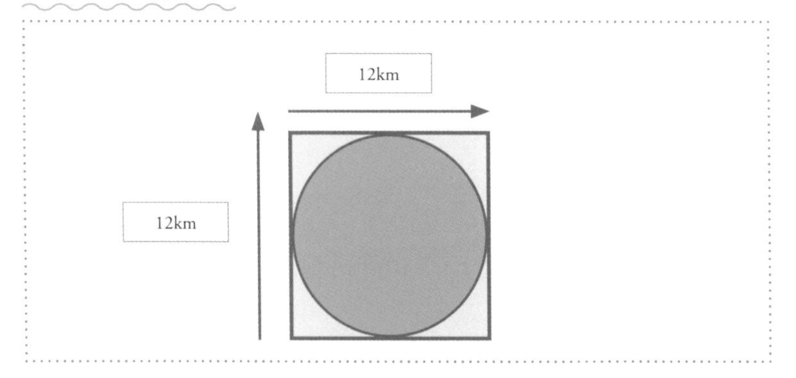

綜合上述，平地中1個消防隊的面積為：

12（km）×12（km）＝144（km^2）

- B：山地中一個消防隊的面積

在山地，假設消防車必須在40分鐘內到達現場，且消防車的時速為36km，則：

36（km/h）×40/60（h）＝24（km）

因此，在山地，邊長為48km的正方形區域內有一個消防隊。也就是說，山地中一個消防隊的面積為：

48（km）×48（km）＝2304（km^2）

計算

由①②得，平地消防隊的數量為：

（38萬（km^2）×1/4）÷144（km^2）≒660

山地消防隊的數量為：

（38萬（km^2）×3/4）÷2304（km^2）≒124

因此，「日本消防隊的數量」為：

660＋124＝784≒800

現實性檢驗

消防防災博物館主頁顯示，截止至平成19年，消防隊的數量為1705。上面求出的數值不到實際數量的一半。究其原因很可能是「到達現場的時間」設定的過長了。

練習題

7 世界遺產有多少處？

難度

前提確認

「世界遺產」的定義是由聯合國教科文組織認定的各國重要的文化遺產以及自然遺產。順便提一下，近年來日本的知床以及石見銀山也被列入世界遺產。本題說的並不是「日本的世界遺產數量」，而是指「全世界的世界遺產數量」。

公式設定

全世界的世界遺產數量的計算公式為：

世界上國家數量×聯合國教科文條約加盟國比例×各國擁有的世界遺產的平均值

假設世界上有200個國家，且聯合國教科文條約加盟國比例為90%。

模式化

求各國擁有的世界遺產的平均值是，先明確以下規則。

假設決定各國世界遺產數量的主要原因是「在國際社會上國家地位的高低」。也就是說，在聯合國「聲音較大」的國家，其境內世界遺產的數量越多。

並且假設「在國際社會上國家地位的高低」如下：

A「已開發國家＞發展中國家」……已開發國家世界遺產數為發展中國家的3/2倍

B「歐美＞其他國家」……歐美的世界遺產數為其他國家的3/2倍

已開發國家為G8（美國、英國、法國、義大利、德國、加拿大、俄羅斯、日本），此外歐美是指美國、加拿大＋歐盟（27國）＋英國＝30個國家。

以A、B為基準做出以下表格（a＝非歐美、每個發展中國家的世界遺產數）。

	已開發國家（G8）	發展中國家
歐美	美、英、法、德、義、加……6國 3/2×3/2×a	30國－6國＝24國 3/2×a
其他	俄、日……2國 3/2×a	200國×90%－32國＝148 a

計算

根據上表，全世界的世界遺產數為：

3/2×3/2×a×6（國）＋3/2×a×（24＋2）（國）＋

a×148（國）

＝3/2a×35＋148a

≒200a…①

此外，日本的世界遺產數大約為15，所以根據上表得：

3/2a＝15

a＝10…②

將②帶入①中，得到全世界的世界遺產數為：

200×10＝2000

現實性檢驗

聯合國教科文組織的主頁顯示，到現時點2009年4月，世界遺產數為878個。上述所求的數值是現實數值的2倍多。上述解法中假設了各國世界遺產數量的決定因素為「在國際社會上國家地位的高低」，但事實上，還存在「加盟聯合國教科文條約的時間」以及「真正配的上世界遺產稱號的自然遺產、文化遺產的數量」等其他應該考慮的因素。這個問題中，各國間比較的基準難以設定。

上述解法當中「『申請』世界遺產的一方」＝以國家為基準求得。另一方面，可通過「『認定』世界遺產的一方」＝以聯合國教科文組織每年認定的世界遺產數為基準解答。

例如，假設世界遺產的認定從40年前開始，聯合國教科文組織每年認定20處世界遺產。這時，世界遺產的數量為：

40（年）×20＝800

可通過「存量（世界遺產的數量）是每一年（聯合國教科文組織每年認定的世界遺產數）流量累計的結果」這一觀點入手。

練習題 8 東京市有多少隻鴿子？

難度

前提確認

本題是求現時點，東京存在的鴿子的數量。將「鴿子」進行如下分類。

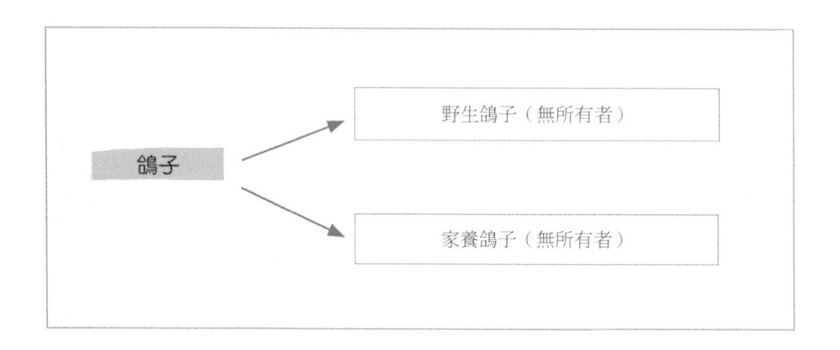

家養鴿子（信鴿等）的數量感覺比較少。如果假設1200萬東京市民中有0.01%的人有5隻鴿子的話，家養鴿子的數量為6000隻。另一方面，在公園及車站等附近有野生鴿子，接下來求野生鴿子的數量。

公式設定

在求東京市內鴿子的數量時，如果以「面積為基準」假設

「邊長100公尺的正方形區域內有10隻」的話雖然可以，但是，這個假設並沒有依據。這裡，為將「鴿子所在的場所」具體化，我們假設「鴿子所在的場所」為車站和公園這兩地。

當然，除了「車站」、「公園」以為，別的地方也有鴿子，但是由於數量較少，就先將其忽略不計。

因此，東京市內鴿子數量的計算公式為：

東京市內車站的數量×車站內鴿子的平均數量＋東京市內公園的數量×公園裡鴿子的平均數量

求東京市內車站以及公園的數量時，東京市的面積（平地）必須要考慮。東京市的面積為時速40km的電車縱向行駛1小時，橫向行駛2小時→40km×80km＝3200km²。

假設西邊1/4為山地，則東京市平地的面積為3200km²×3/4＝2400km²（參照例題5）。

模式化

① 東京市內車站的數量

假設東京市內車站間的距離為時速40km的電車行駛3分鐘的車程的話，根據40×3/60＝2km，邊長2km的正方形區域內有1個車站。此外，假設車站只在東京市的平地上才有。

根據以上假設，東京市內車站的數量為：

東京市的面積（平地）÷邊長2km的正方形區域

＝2400km÷（2（km）×2（km））

＝600（個）

② 車站內鴿子的平均數量

假設車站自身的面積為50m×50m＝2500m^2。

另一方面，假設1隻鴿子所占的面積為0.2m×0.2m＝0.04m^2，車站內鴿子的密度為0.1%的話，車站內鴿子的平均數量為：

車站自身的面積×車站內鴿子的密度÷鴿子所占的面積

＝2500（m^2）×0.1%÷0.04（m^2）

＝62.5（隻）

≒60（隻）

③ 東京市內公園的數量

車站和公園同樣都是人們日常生活不可或缺的（至少東京如此），所以假設東京市內公園的數量與車站的數量成比例。

假設車站的出口有兩個，人流多的出口方向有2個公園，人流少的出口方向有1個公園。則東京市內公園的數量為：

東京市內車站的數量×3＝600（個）×3

＝1800（個）

④ 公園裡鴿子的平均數量

假設「公園自身的面積」，「公園內鴿子的密度」都與車站相同的話，1個公園內鴿子的平均數量約為60隻。

計算

由①～④可知，東京市內鴿子的數量為：

600（個）×60（隻）＋1800（個）×60（隻）

＝14萬4000（隻）

現實性檢驗

東京市內的車站數，包括私營地鐵JR線一共約有600個。①的假設是非常正確的。另一方面，東京市建設局的主頁顯示，截止至平成19年，東京市內公園的數量約為7000個。與③中所求的1800個這個數值相差甚遠。

但是需要注意的是，東京市建設局測定的是10m^2以上的公園數量，即非常小的公園也被算在內。

練習題

9

耳環的市場規模

難度

前提確認

耳環的定義是「將耳朵穿孔，戴在耳朵上的裝飾品」（「沒有打孔」的耳飾，以及戴在耳朵以外的地方的耳環都不計算在內）。

此外，「市場規模」的含義為「一年中日本銷售的耳環的總額」（很準確的說不是「日本國內銷售的耳環的總額」，而是「日本人購買的耳環的總額」。接下來，將以與例題稍微不同的方法求「市場規模」）。

公式設定

耳環市場規模的計算公式為：

日本年銷售耳環數×耳環的均價

此外，日本年銷售耳環數的計算公式為：

日本年耳環購買人數×平均購買量

另一方面，在設定日本年耳環購買人數時，可將現在擁有耳環的人群分為初購者與已購者。

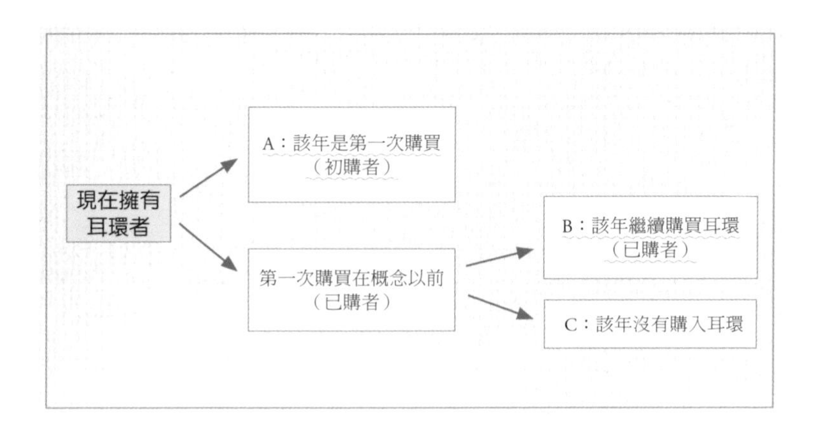

換言之，日本年購買耳環的人分為A和B兩種。

假設A＝5%、B＝50%、C＝45%，然後進行以下推定。

在此，B會存在兩種情況一種是「買新品替換舊物（ex.1個→1個）」和「買新品保留舊物（ex.1個→2個）」，但在這裡我們並不將這兩者進行區分。

模式化

① 年耳環購買人數

- A：該年是第一次購買（初購者）

  A：初購者的人數為：

  現在擁有耳環的人數×5%

  現在擁有耳環的人數按下表計算。表中不同性別與年齡的人對應了不同的耳環所有率（詳情見練習題 1）。

年齡	未滿 10 歲	10 ～ 20 歲	20 ～ 30 歲	30 ～ 40 歲	40 ～ 50 歲	50 ～ 60 歲	60 ～ 70 歲
男		5%	10%	0%	0%	0%	0%
女		25%	50%	25%	10%	0%	0%

假設各年齡段的人口數為1億2000萬人÷8＝1500萬人，男女分別為750萬人（1500÷2），則現在擁有耳環的人數為：

750萬（人）×（5%＋10%）

＋750萬（人）×（25%＋50%25%＋10%）

＝937.5萬（人）

≒900萬（人）

因此，A：初購者的人數為：

900萬（人）×5%＝45萬（人）

- B：是「已購者」，並在該年購入耳環

B：是「已購者」，並在該年購入耳環的人數為：

現在擁有耳環的人數×50%

＝900萬（人）×50%

＝450萬（人）

② 平均購買量

假設平均購買量A、B都是一年1個（1組）。

③ 耳環的均價

假設耳環的均價為3000日圓。

計算

由①～③得，耳環的市場規模為：

（45萬（人）＋450萬（人））×1（個）×3000（日圓）

≒500萬（人）×1（個）×3000（日圓）

＝150億（日圓）

現實性檢驗

上式得到年耳環購買人數約為 500 萬人（45 萬人＋450 萬人）上式得到年耳環購買人數約為500萬人（45萬人＋450萬人）。擁有耳環的10～40歲的人口為4500萬人（1500萬人×3）。也就是說其中有1/9的人每年會買新耳環。

練習題

10

免洗筷的年消費量

難度

前提確認

這裡的「免洗筷的年消費量」為「日本的消費量」。並且求的是「個人消費的免洗筷」。

公式設定

免洗筷的年消費量的計算公式為：

日本的人口×每人平均消費量（年）

模式化

① 日本的人口

假設日本的人口為1億2000萬人，各年齡層（0～80歲）的男女人口分別為750萬人（1億2000萬人÷8÷2）。現在假設各年齡段人口相同且男女比例為1：1。可聯想長方形人口金字塔。

② 每人平均消費量（年）

求每人平均消費量（年）是，將人口分按性別、年齡（0～80歲）分類做成下表。其中每個儲存格內為每週消費的數量。

從以下2個視點出發，填寫儲存格內的消費量。

⑴就餐時用筷子的比例

⑵用筷子時，使用免洗筷的比例

另外根據這兩個視點，做以下2個假設：

視點⑴：假設使用筷子的比例與年齡成正比

視點⑵：假設使用免洗筷的比例與外食（包括打包）的頻率成比例

也就是說，年齡越大，外食頻率越高的人群免洗筷的消費量越高。

年齡	未滿 10 歲	10 ～ 20 歲	20 ～ 30 歲	30 ～ 40 歲	40 ～ 50 歲	50 ～ 60 歲	60 ～ 70 歲
男	1	2	3	4	4	5	4
女	1	2	2	3	4	4	3

- 20 歲到 50 歲的人群是外食頻率最高的→假設外食的比例高
- 20 歲以上的女性包含了外食頻率比較低的主婦，所以假設外食比例較低
- 過了 60 歲外出頻率變低→假設，外食頻率變低

計算

由①②得，免洗筷的年消費量為：

750萬（人）×48（雙/周）×52（周）

≒750萬（人）×2500

＝187.5億（雙）

≒190億（雙）

現實性檢驗

林木局的主頁顯示，日本年免洗筷的消費量約為250億雙。可能人均消費量估算偏小。

練習題

11 按摩椅的市場規模

難度 B

前提確認

按摩椅的所有主體的分類如下。

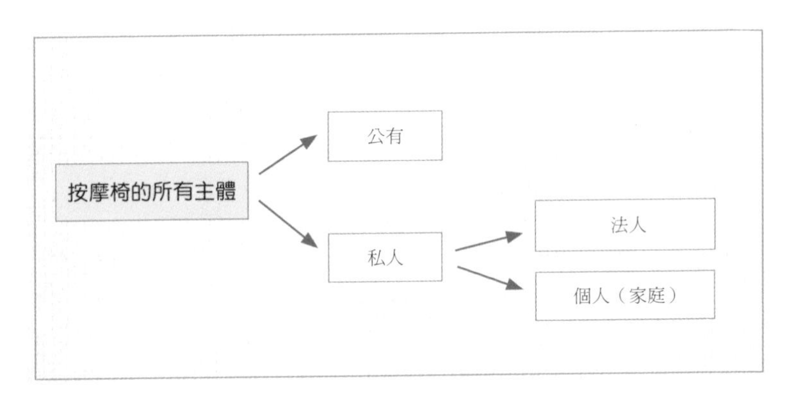

雖然公有主體及私有法人（溫泉旅館及浴池等）也有按摩椅，但本題將範圍限定在個人（家庭）所有的按摩椅的市場規模內（接下來將用與例題稍微不同的方法求出「市場規模」）。

公式設定

按摩椅的市場規模的計算公式為：

該年購入按摩椅的家庭數×平均購買量×按摩椅的均價

此外，將現在擁有按摩椅的家庭分為初購家庭與已購家庭。

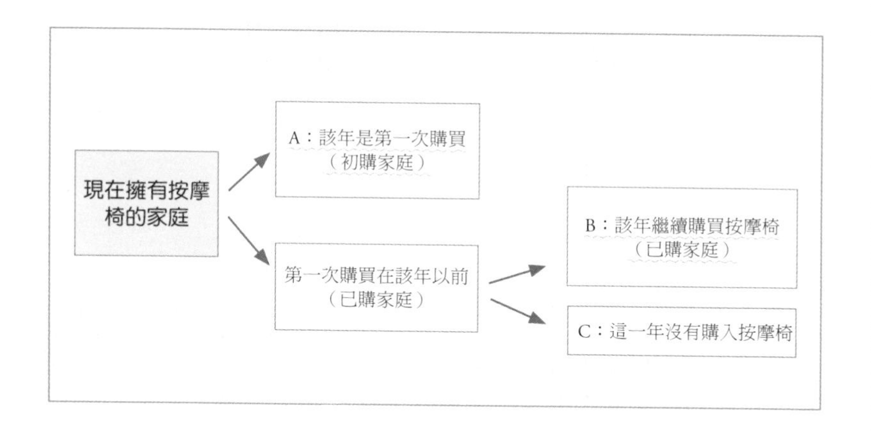

換言之，日本年購買耳環的人分為A和B兩種。而B會存在兩種情況一種是「買新品替換舊物」和「買新品保留舊物」，但在此題並不打算區分這兩者。

假設A＝10%、B＝10%、C＝80%，再進行以下推定。

模式化

① 該年購入按摩椅的家庭數

- A：該年是第一次購買（初購家庭）

  A：初次購買的家庭數為：

  現在擁有按摩椅的家庭數×10%

此外，現在擁有按摩椅的家庭數為：

全部家庭數×擁有按摩椅的家庭比例

假設全部家庭數為4000萬戶（參照練習題2），擁有按摩椅的家庭比例為5%，則：

4000萬（戶）×5%＝200萬（戶）

因此，A：初次購買的家庭數為：

200萬（戶）×10%＝20萬（戶）

- B：是「已購家庭」並在該年購買按摩椅

B：已購家庭的數量為：

現在擁有按摩椅的家庭數×10%

換言之，與A相同也是20萬戶。

由此，該年購入按摩椅的家庭數（A＋B）為：

20萬（戶）＋20萬（戶）＝40萬（戶）

② 平均購買量

由於按摩椅的價格較高，所以假設每個家庭平均購買量為1台。

③ 按摩椅的均價

設按摩椅的均價為10萬日圓。

計算

由①～③得出按摩椅的市場規模為：

40萬（戶）×1（台）×10萬（日圓）＝400億（日圓）

現實性檢驗

根據矢野經濟研究所的調查顯示，截止到2006年，按摩椅的市場規模為605億日圓。考慮到上面求出的數值是將範圍限定在個人（家庭）後計算出來的結果，雖然比605億日圓少一些，但也是一個很好的推定數值。

練習題

12

丸之內的拉麵店的銷售額

難度

前提確認

「丸之內」是東京屈指可數的商業街。本題將計算「丸之內」的店鋪構成之一——拉麵店的「日銷售額」。

公式設定

丸之內的拉麵店的銷售額（1天）為：

人均消費額×客流量

此外，客流量的具體計算公式為：

營業時間×容量×上座率×周轉率

模式化

① 人均消費額

這裡，將把人均消費額分為A：白天人均消費額及B：夜間人均消費額。

- A：白天人均消費額（11點到18點）

假設拉麵的單價為一碗700日圓，另外4個人中有1人會點200日圓的小菜（米飯或配菜等），所以白天的人均消費額為：

700（日圓）＋200（日圓）/4

＝750（日圓）

- B：夜間人均消費額（18點到24點）

白天人均消費額加上啤酒等「酒錢」就是晚上的人均消費額。假設5個人中有1人點500日圓的飲品，那麼夜間人均消費額為：

750（日圓）（白天人均消費額）＋500（日圓）/5

＝850（日圓）

② 客流量

假設容量為50個坐席，下表顯示了不同時段的上座率以及周轉率。

營業時間	容量（坐席數）	上座率	周轉率
11～12 點	50 個	30%	2/h
12～13 點	50 個	70%	2/h
13～18 點	50 個	5%	2/h
18～21 點	50 個	40%	2/h
21～24 點	50 個	60%	2/h

有關上座率，假設寫字樓林立的丸之內的「12～13點」的白天以及白領開始下班回家的「18～21 點」和「21～24 點」的時間段內上座率高。並且，比起「18～21 點」、「21～24 點」這一時間段的上座率更高，也就是說店內更擁擠。

周轉率的話，假設客人平均用餐時間為30分鐘，所以周轉率為2/h。

計算

白天客流量為：

50（個）×（30%＋70%＋50%×5）×2（次周轉）＝125（人）

因此，白天的銷售額為：

750（日圓）×125（人）＝9萬3750（日圓）

其次，夜間客流量為：

50（個）×（40%×3＋60%×3）×2（次周轉）＝300（人）

因此，夜間的銷售額為：

850（日圓）×300（人）＝25萬5000（日圓）

綜合上述，丸之內的拉麵店一天的銷售額為：

9萬3750（日圓）＋25萬5000（日圓）

＝34萬8750（日圓）

≒35萬（日圓）

現實性檢驗

同是飲食店的星巴克的日銷售額為30萬日圓（參照例題12），拉麵店的銷售額比星巴克的略高。

練習題		難度
13	遊戲廳的銷售額	B

前提確認

可想像一下東京站前的遊戲廳，這裡銷售額指的是「平日1天的銷售額」。

公式設定

遊戲廳的銷售額為：

人均消費額×客流量

此外，客流量的具體計算公式為：

營業時間（h）×容量×運作率×周轉率

這裡的客流量為「人次」（例如，以為顧客玩了5次遊戲，那麼客流量為1×5＝5人次）。

模式化

① 人均消費額

人均消費額為100日圓（一次遊戲的價格）。

② 客流量

容量為50台（遊戲機的數量）。

營業時間為12小時（11點到23點）。

雖然運作率根據時段而有所不同，在此就假設它為固定值。

設定周轉率的時候，將遊戲者分為10分鐘內結束一局的人和30分鐘內結束一局的人，數量各為總人數的一半。換言之，「生疏人群」與「熟練人群」各一半。

也就是說，平均周轉率為每回（10分鐘＋30分鐘）÷2＝20分鐘，即3（回）/h。為了簡單起見，我們不考慮遊戲的種類。

根據以上假設做成下列表格，包括營業時間、容量、運作率、周轉率。

營業時間	容量（坐席數）	運作率	周轉率
11～15點	50台	20%	3回/h
15～19點	50台	40%	3回/h
19～23點	50台	50%	3回/h

設定運作率是，假設了以下3種人群。

⑴無業遊民：全部營業時間內占一定的比例（20%）

⑵學生：從15點開始站20%，19點以後一半回家占10%

⑶社會人：19點以後占20%

例如，19點到23點這一時間段內的運作率為：

運作率＝無業遊民（20%）＋學生（10%）＋社會人（20%）

＝50%

計算

根據②中的表格，可得客流量為：

50（台）×3（回）×（20%×4＋40%×4＋50%×4）

＝50（台）×3（回）×440%

＝660（人次）

因此，由①②得，遊戲廳一天的銷售額為：

660（人次）×100（日圓）＝6萬6000（日圓）

現實性檢驗

經營遊戲廳所花的成本為①勞務費、②租賃費、③其他雜費等三項（除去初期費用）。關於①，假設有3名店員，1天工資為8000日元，則8000日圓×3＝2萬4000日圓。關於②，假設一月的房租為30萬日圓，1天的成本為30萬÷30（天）＝1萬日圓。最後，假設其他雜費（電費等）為1天1萬日圓。

綜合上述，經營遊戲廳的成本為2萬4000日圓＋1萬日圓＋1萬日圓＝4萬4000日圓。根據以上假設，之前所求的6萬6000日圓從收益的角度來看還是比較合適的。

練習題

14

一家Kiosk一天的銷售額

難度

前提確認

這裡的「Kiosk」是在東京－山手線車站內的Kiosk。此外，銷售額為「平日1天1家店鋪的銷售額」。

營業時間為7點到21點，店員1人。其次是將「Kiosk的商品」進行分類。

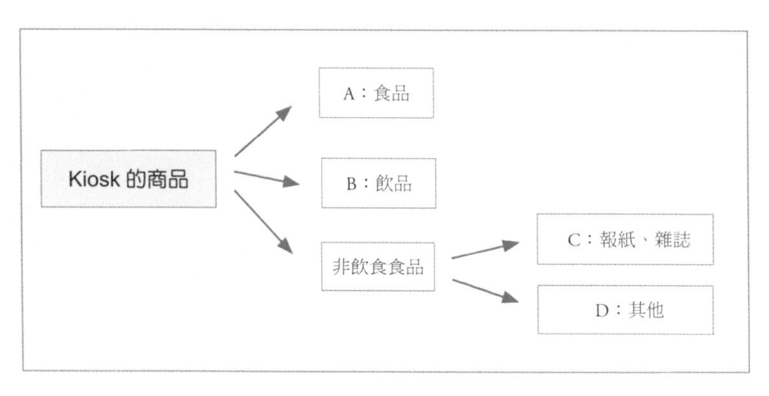

在此，設定各類商品的單價如下。

A：「食品」＝100日圓

B：「飲品」＝150日圓

C：「報紙、雜誌」＝（100日圓（報紙）＋300日圓（雜誌））÷2＝200日圓

D：「其他」＝100日圓

公式設定

Kiosk的銷售額為：

人均消費額×客流量

此外，客流量的計算公式為：

營業時間÷店員處理速度（人/h）×運作率（%）

也就是說，營業時間÷店員處理速度得到店員能處理的最大工作量，在將它乘以運轉率得到實際接待顧客的數量。

假設店員的處理速度固定，1人/15秒。也就是說，4人/分，240人/h。

模式化

下表中包含了求客流量的營業時間、店員處理速度、運作率以及人均消費額這4個要素。

營業時間	店員處理速度	運作率	人均消費額
7～9點	240人/h	25%	260日圓
9～17點	240人/h	10%	210日圓
17～19點	240人/h	20%	260日圓
19～21點	240人/h	15%	210日圓

上表中的運作率以及人均消費額是根據以下假設設定的。

7～9點：上班高峰期人多（25%）。買「B：飲品」的2個人中會有1個人同時購買「C：報紙、雜誌」。10人中有1人購買「D：其他」，所以人均消費額為（150日圓＋200÷2＋100÷10＝260日圓）。

9～17點：相對來說是人比較少的時間段（10%）。買「B：飲品」的2個人中會有1個人同時購買「A：食品」。10人中有1人購買「D：其他」，所以人均消費額為（150日圓＋100÷2＋100÷10＝210日圓）。

17～19點：下班高峰期人潮多，但是由於有一部分人19點以後回家，所以比早上的人數稍少一些（20%）。與早上相同，買「B：飲品」的2個人中會有1個人同時購買「C：報紙、雜誌」。10人中有1人購買「D：其他」，所以人均消費額為（150日圓＋200÷2＋100÷10＝260日圓）。

19～21點：包括了一部分回家的人，所以比9～17點時人稍微多一些（15%）。買「B：飲品」的4個人中會有1個人同時購買「C：報紙、雜誌」。10人中有1人購買「D：其他」，所以人均消費額為（150日圓＋200÷4＋100÷10＝210日圓）。

計算

綜上，Kiosk的銷售額為：

240人/h×{（2（ h）×25%×260（日圓））＋（8（h）×10%×210（日圓））
＋（2（h）×20%×260（日圓））＋（2（h）×15%×210（日圓））}

＝240人/h×465（日圓）

≒240人/h×500（日圓）

＝12萬（日圓）

現實性檢驗

根據2007年6月日本經濟新聞的報到，與Kiosk相同，JR東日本零售網路下的NEWDAYS（在車站裡類似便利店）1家店鋪1天的營業額為66萬2000日圓。上式求出的Kiosk一家店鋪的營業額約為NEWDAYS的1/5。

練習題 15

日本有多少位美髮師？

前提確認

人們「剪髮」的方式有以下幾種。

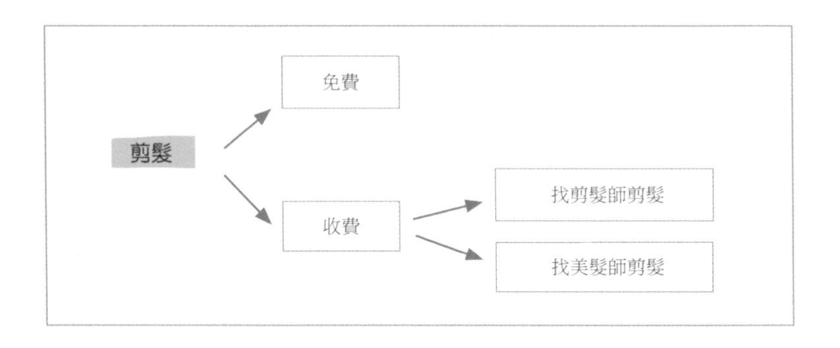

本題只限定在「找美髮師剪髮」的範圍內。也就是說，就「美髮師的數量」而言，將其範圍限定在收錢「剪髮」（除剪髮外還包括頭髮護理）的美髮師內。

公式設定

日本美髮師的數量為：

去美髮店剪髮的人數（年）÷一位美髮師的平均接客量

這是「總需求」除以「個體供給」的做法。

這裡的「人數」為人次。例如，有人一年剪12次頭髮，即1×12次＝12人次。

模式化

① 去美髮店剪髮的人數（年）

去美髮店剪髮的人數（年）為：

日本剪髮的人數（年）×去美容院剪髮的比例

在求去美髮店剪髮的人數時，以性別與年齡（0～80歲）為橫縱軸製表，將去美容院剪髮的比例填入表內。為了簡單起見，假設不論男女、年齡，都是每月剪一次頭髮。

年齡	未滿 10 歲	10 ～ 20 歲	20 ～ 30 歲	30 ～ 40 歲	40 ～ 50 歲	50 ～ 60 歲	60 ～ 80 歲
男	20%	60%	80%	60%	40%	40%	20%
女	20%	80%	80%	80%	80%	80%	80%

- 假設 10 歲以上的人去美髮店剪髮的比例更高
- 假設男性超過 30 歲後去「美髮店」的人增多
- 假設未滿 10 的兒童，不論男女去美髮店的比例都低

也就是說，每月去美髮店剪髮的人數為6900萬人次，一年為6900萬×12人次。

② 一位美髮師的平均接客量

假設一位美髮師的平均接客量為，一天5個人。此外，美髮師一月工作24天，所以一位美髮師的接客量（年）為：

5（人）×24（天/月）×12（個月）＝120×12（人）

計算

由①②得，日本美髮師的數量為：

（6900萬（人次）×12（個月））÷（120（人）×12（個月））≒57萬（人）

現實性檢驗

根據全國生活衛生營業指導中心的資料，截止平成20年3月，「從業美髮師人數」約為43.7萬人。與現實資料相比，前面我們求出來的數值略微偏大。之前為簡單計算，我們假設「不論男女、年齡每月剪一次髮」，事實上，剪髮的頻率可能每月不到一次。

費米推定問題 精選 100 道

我們從解過的1000道問題中，精選出100題，希望能用來進行日常訓練。從費米推定問題的性質來看，在很多情況下都會有其他解答的方法。

問題分類 ▼問題 ▼難度 ▼提示

個人、家庭基準的存量問題 X 12		
日本有多少把傘	A	傘分雨傘、摺傘、太陽傘
日本有多少條領帶	A	推定男性所有率以及所有量
日本有多少支手錶	A	因為手錶也是一種裝飾，所以有人會持有多個
日本有多少支行動電話	A	最近小學生也開始持有，低年齡段的普及加速
日本有多少個家用固定電話	B	沒有固定電話的家庭有怎樣的特徵
日本有多少台電視	B	大家庭中會有多台電視
日本有多少台洗衣機	B	投幣式洗衣機的需求還很多
日本有多少棟別墅	B	富裕家庭數量的推定
日本有多少人打籃球	A	定義「人口」的範圍（以下 4 問雖然不是所屬問題，但仍可以個人、家庭基準解答）
日本有多少人下象棋	A	在中老年的男性人群中非常受歡迎
日本自民黨員有多少人	A	需設定政治活動者「選擇自民黨的概率」
日本阪神虎隊粉絲有多少人	A	分關西與關東兩部分進行討論比較有效

法人基準的存量問題 X 8		
日本有多少家公司	B	法人基準的基礎問題
日本有多少張桌子	C	注意並非只有法人有，學校以及家庭都有
日本有多少塊白板	C	並非只有法人有，學校以及家庭都有
日本有多少支螢光燈	C	需設定每間屋子裡的螢光燈數量

日本有多少間吸煙室	C	近年來也有公司不設置吸煙室
日本有多少間廁所	C	假設法人以及學校中，一定人數中有一個
日本有多少間食堂	C	有些法人中設有職工食堂，學校中設有學生食堂
日本有多少位董事	C	大部分公司中都有董事（既可用所有手法也可用存在手法）

面積基準的存量問題 X 12		
日本有多少家麥當勞	A	是基本問題
日本有多少家漫畫咖啡店	A	以都市為中心分布
日本有多少家超市	A	可假設店鋪數與人口成比例
日本有多少家加油站	A	怎樣設置都市與農村的差別
日本有多少家醫院	A	怎樣設置單位面積
日本有多少處派出所	A	警車在一定時間內可以趕到的區域內一定會有派出所
日本有多少個檢修孔	B	檢修孔在道路上
日本有幾座橋	B	也可通過推算河流的數量計算
日本有多少亂扔的煙蒂	B	在都市地區有很多
日本有多少間神社	A	無人居住的山區也有
東京都內有多少車站	A	是很多問題的基礎
東京都內有多少道路標誌	B	每隔多少公尺會設置一個道路標誌

單位基準的存量問題 X8		
日本有多少間美術館	B	可分為公立與私立
日本有幾處溫泉	C	溫泉的定義很重要
日本有幾處海水浴場	C	南方的省市較多
日本有多少個大壩	C	多建在內陸地區河流的上游
日本有多少位政治家	B	主要從市町村、都道府縣所選出

東京有多少隻烏鴉	C	烏鴉在哪裡生活
世界有多少核武器	C	如何邏輯性推理國家間核武器數量的大小關係
世界有多少隻蟑螂	C	蟑螂在哪裡生活

宏觀銷售額問題 X 20		
眼鏡的市場規模	C	近視、遠視、老花眼、太陽鏡等有各種需求
洗髮水的市場規模	C	注意有替換裝以及便攜裝
國語詞典的市場規模	B	由於電子辭典的出現，需求很小
圓珠筆的市場規模	B	法人也會購買圓珠筆
摩托車的市場規模	B	推定方法與新車銷售量一致
美國槍支的市場規模	C	外國的數值的設定較難
優酪乳的市場規模	A	也就除去 B2B 市場比較合適
香蕉的年消費量	A	是誰吃香蕉
「充實蔬菜」的年銷售額	A	「充實蔬菜」在蔬菜汁市場中所占的份額是多少
任天堂 DS 的年銷售額	A	貌似不論男女老幼，都非常受歡迎
迪士尼樂園的年銷售額	A	從宏觀銷售額的角度考慮很困難
都內證件照片機的年銷售額	B	需要照相的時候是什麼時候
日本經濟新聞的年銷售量	B	多為家庭定期訂閱
行動電話的年簽約量	B	分為新簽約與續約
婚介所的年諮詢人數	A	諮詢者位於哪個年齡段
去肯亞觀光的年遊客	B	用「選擇非洲的概率 × 選擇肯亞的概率」來求
東京都內年交通事故的件數	C	設置交通事故發生概率是關鍵
賀年卡的年郵送數	B	年輕人多使用郵件
漢字檢定的年准考人數	C	會考漢字檢定的人是誰
Mixi 首頁的日訪問量	B	常用用戶與非常用用戶的比例是多少

個體銷售額問題 X 20		
麥當勞的銷售額	A	是基本問題
居酒屋的銷售額	A	可用「坐席數 × 運作率 × 周轉率」這一公式
賓館的銷售額	A	可用「容量 × 運作率」這一公式
彈球店的銷售額	B	這裡的容量對應彈球機的數量
占卜師的收入	B	請想像一下占卜師的日常
投幣式小形行李存放櫃的銷售額	A	數值的設定憑感覺即可
服務區的銷售額	C	有多個餐廳及商店
加油站的銷售額	B	也有洗車等副業
結婚禮堂的銷售額	B	包括場地費、飲食費、器材費、服務費等
葬禮從業職的收入	B	單價的推定是關鍵
牙科醫生的收入	B	可用「容量 × 運作率 × 周轉率」這一公式
游泳教室的銷售額	B	好像多為一小時的課程
滑雪場的銷售額	C	有索道費用、租借費用
夜總會的銷售額	B	飲食費＋服務費＋指名費
麻將廳的銷售額	A	晚上是營業高峰
圖書館年利用人次	A	想像一下自己經常去的圖書館
大相撲年觀眾數	A	一年中 1、3、5、7、9、11 月共 6 回
四季劇團年觀眾數	B	全國有 8 處共 9 個劇場
東京單軌鐵道日客流量	B	直達羽田機場
JR 線澀谷站的自動扶梯的日使用人數	B	也可用「容量 × 運作率 × 周轉率」這一公式

「總需求 ÷ 個體供給」的存量問題 X 10		
日本有多少位按摩師	B	會去按摩的人是什麼樣的人

日本有多少位美甲師	B	美甲師一天接待幾個人
日本有多少位律師	C	有人權律師、民事律師、企業法務律師等等
日本有多少位臨床醫師	C	兒童、老年人的需求更多
日本有多少位翻譯	C	什麼地方需要翻譯
日本有多少家洗衣店	B	總需求可從家庭基準入手
日本有多少家運動俱樂部	B	主婦、商業人士以及老年人等，範圍較廣
日本有多少家二手書店	B	由於亞馬遜的普及，假設只有老年人去二手書店
日本有多少家補習機構	B	補習機構與備考學校比較難區別
日本有多少家房地產仲介	C	房地產的需求可從家庭基準入手

不在基本體系內的應用問題 X 10		
深夜市場的潛在規模	C	有必要明確潛在的需求
新潟中越地震的受災額	C	包括建築物、基礎設施及自然環境等受災範圍廣
下雨天百貨店的客流量減少多少	C	分析顧客的目的（就餐、購物等）是關鍵
10 年來自行車的市場規模增減多少	C	首先明確減少或者增加的原因
iPhone 明年的銷售量	C	掀起 iPhone 潮流的邏輯構思
三得利大廳的總工程造價	C	根據一般的獨立房屋的建設費用類推
企業 A（任意）的應屆畢業生錄用成本	C	勞務費、場地費、廣告費等，首先將成本條目理清
富士電視臺的年銷售額	C	假設主要收入為商業廣告，計算 CM 的「單價X數量」
10 年後日本的總人口	C	「人口增減數＝出生數－死亡數」
日本年結婚數	C	以「結婚數＝未婚情侶數 × 成婚率」這一公式為主，還有其他計算方法

國家圖書館出版品預行編目（CIP）資料

費米推定筆記 / 吉田雅裕、脇田俊輔著 ; 張乾譯. 一- 初版. -- 臺北市 : 九韵文化 ; 信實文化行銷, 2017.05

面 ;　公分. -- (What's Invest)

ISBN 978-986-94383-3-9(平裝)

1.統計推論

319.59　　106004379

高談文化 | 華滋出版 | 拾筆客 | 九韵文化 | 信實文化 |
CULTUSPEAK PUBLISHING CO., LTD

追蹤更多書籍分享、活動訊息，請上網搜尋 拾筆客

What's Invest
費米推定筆記

作　　者：吉田雅裕、脇田俊甫
譯　　者：張乾
總 編 輯：許汝紘
編　　輯：孫中文
美術編輯：陳芷柔
總　　監：黃可家
發　　行：許麗雪
出版單位：九韵文化
出版公司：高談文化出版事業有限公司
地　　址：新北市汐止區新台五路一段99號15樓之5
電　　話：+886-2-2697-1391
傳　　真：+886-2-3393-0564
官方網站：www.cultuspeak.com.tw
客服信箱：service@cultuspeak.com
投稿信箱：news@cultuspeak.com

總　經　銷：聯合發行股份有限公司
香港經銷商：香港聯合書刊物流有限公司

2017 年5月初版
定價：新台幣 360 元